27款多媒体小软件学习指导

王慧君　张　念　编著

中国科学技术出版社

·北　京·

图书在版编目（CIP）数据

27款多媒体小软件学习指导/王慧君, 张念编著. —北京：
中国科学技术出版社，2021.1
ISBN 978-7-5046-8786-9

Ⅰ.①2… Ⅱ.①王… ②张… Ⅲ.①多媒体—软件工具
Ⅳ.①TP311.56

中国版本图书馆CIP数据核字（2020）第174002号

策划编辑	王晓义
责任编辑	王　琳
封面设计	孙雪骊
责任校对	焦　宁
责任印制	徐　飞

出　　版	中国科学技术出版社
发　　行	中国科学技术出版社有限公司发行部
地　　址	北京市海淀区中关村南大街16号
邮　　编	100081
发行电话	010-62173865
传　　真	010-62179148
网　　址	http://www.cspbooks.com.cn

开　　本	787mm×1092mm　1/16
字　　数	400千字
印　　张	17.75
版　　次	2021年1月第1版
印　　次	2021年1月第1次印刷
印　　刷	北京瑞禾彩色印刷有限公司
书　　号	ISBN 978-7-5046-8786-9 / TP·419
定　　价	69.00元

前言

随着"互联网+"时代的到来，信息技术与人类的工作、生活愈来愈紧密。正如美国未来学家、麻省理工学院教授及媒体实验室创办人尼葛洛庞帝所言："就像空气和水，数字化生存受到注意，只会因为它的缺席，而不是因为它的存在。"

与此同时，林林总总的数字媒体小软件如雨后春笋般涌现。这些小软件不仅丰富了多媒体资源，使多媒体表达更加人性化、个性化和多元化，而且越来越大众化。数字技术已不再为专业技术人员所独享，许多小软件因技术门槛低、操作界面友好、交互便捷、表现手法多元，越来越受到来自各行各业、不同年龄段的人们的喜爱和关注。这些小软件不仅可以应用到工作、学习中，提高使用者的工作和学习效率，而且可以应用在生活中，通过丰富的技术手段来活跃使用者的文化生活，提升生活质量和生活品位。

为满足读者工作、学习和生活的需要，也为了便于读者迅速锁定目标软件而不至于迷失在工具海洋中，本书作者结合自己多年在教学中教授、使用小软件的经历和经验，从上百个常用小软件中精心挑选了27款经典小软件供读者选择学习，包括音频类、动画类、录屏类、视频剪辑类、手绘类、思维导图类等。为保证读者能在一种轻松愉快的氛围中阅读本书，不给读者阅读设置壁垒，本书努力做到以下三点：①详细讲解，不放过任何难点。每款小软件都从软件特点、使用方法、使用技巧、操作流程、常见问题解析等多个方面进行详细介绍。②语言通俗化、生活化。本书尽可能避免使用学术化语言和技术术语，使用通俗易懂的生活化语言，结合生活中的事例讲解。③给出具体操作案例。每款小软件都有具体使用的操作步骤、作品设计和成品案例，确保每一个读者都能在操作示范指导下成功地做出自己的作品。

为遵循数字化时代的学习方式及满足读者碎片化学习的需求，我们还为每一款小软件制作了包括软件特点介绍、操作示范、作品样例等在内的若干短视频。通过扫描文中二维码，读者便可进入微视频页面，观看视频进行学习。

温馨提示：①本书是一本技术工具书。读者可根据需要，自行选择学习的软件而没有必要一定从第一个小软件学起。②本书主要针对的是无相关专业技术基础的人群，操作步骤分解得较为细碎，读者可根据自身情况略读某些步骤。

目录

第一章　PPT插件

Microsoft Office PowerPoint通常简称为PPT，是一种演示文稿软件，可用于在投影仪或者计算机上进行文件或资源的播放和展示。PPT功能强大，在办公领域，可以在面对面会议、远程会议上给与会人员展示演示文稿；在教学领域，可用于课件展示，有助于提高教学效率。为了提高PPT制作的效率，网络上出现了不少非常实用的PPT功能插件。这些插件主要实现对文本、图片、动画设置、PPT布局结构、颜色搭配等的设计及美化功能，效果更加个性化，能更好地满足用户的制作需求。这些插件大都是一键式操作，不仅简单易学，而且可以在操作时节省时间，提高作品制作效率。

本章主要介绍口袋动画、PPT美化大师、OneKeyTools三款PPT插件使用方法。

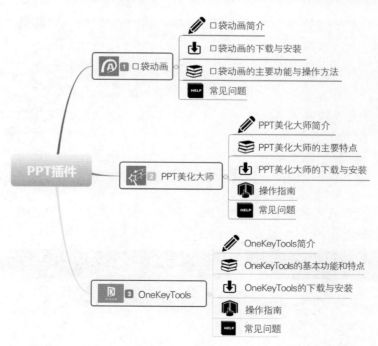

口袋动画

一、口袋动画简介

口袋动画是由大安工作室于2016年开发的一款适用于PowerPoint 2013及以上版本的PPT动画设计插件。设计理念是"容纳"，容纳众功能、众库，即口袋之意。它较早提出了PPT动画概念，开发了许多与PPT动画相关的功能，极大地简化了PPT动画设计过程，最突出的特点是简捷快速，如一键式功能、一键式入库以及一键式分享。

二、口袋动画的下载与安装

打开浏览器，在地址栏输入网址http://www.papocket.com/，进入口袋动画官网，单击"免费下载"按钮即可完成插件下载。下载后，双击 🔲 应用程序图标，完成插件安装。该插件很小，只有十几兆，可直接按照默认路径安装。

> **小提示**
>
> 此插件需要在Microsoft.NET Framwork 4.0及以上版本、Visual studio 2010 Tools for Office Runtime环境下运行。建议使用Office 2013及以上版本，以获得最佳体验效果。

三、口袋动画的主要功能与操作方法

按照上述步骤安装成功后，打开PowerPoint 2013，新建文档中即可发现在菜单栏上添加了"口袋动画PA"选项卡（图1.1）。

图1.1　口袋动画插件

首次安装时，插件的运行模式为盒子版。此模式是旧版本的功能模式。鼠标左键单击盒子版 ⬤ 模式开关，就可以切换到"专业版"。专业版工具更多，可实现的功能更完善（图1.2），主要包含动画、设计和关于等版块内容。

图1.2　口袋动画专业版

（一）账户

口袋动画可与WPS共享同一账号，也可直接使用QQ或微信账号登录。登录后，口袋动画将为用户提供15天的VIP体验福利。

具体操作如下。

登录后，单击用户名的下拉列表，选择"体验VIP"（图1.3）。使用VIP账号可获得更多的资源和素材。

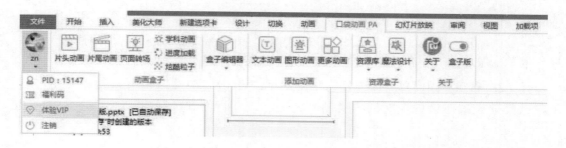

图1.3　口袋动画的"体验VIP"

当用户头像上带有V标识，如 🌐，说明用户已是VIP，再次单击用户名下的列表可查看VIP体验剩余天数（图1.4）。

图1.4　查看VIP体验剩余天数

（二）动画

　　动画模块是口袋动画的核心组成部分。此模块共分为16个主入口，具有29个子项功能。除了基本的动画复制、粘贴、删除功能，该模块还具有动画风暴、形转路径等特色功能，以及描摹路径、动画中心、动画合并、文本动画、经典动画等实用小功能。

　　1. 动画风暴

　　动画风暴是口袋动画中最重要、最核心的组成部分，是区别于其他PPT插件的重要特征。具体操作如下。

　　（1）插入对象。单击"插入"菜单下的"图片"选项，将准备好的图片插入幻灯片中。

　　（2）启动动画风暴。选中插入的对象后，单击"动画风暴"按钮，弹出"动画风暴"设置对话框。对话框由动画列表、动画行为和风暴指南三部分组成（图1.5）。

图1.5　"动画风暴"对话框

　　"动画列表"选项卡，实现对所在页面中的对象添加进入、退出、强调、路径或自定义动画。"动作列表（行为）"选项卡，呈现对象所对应的动画行为属性。当选中某个具体的动画行为后，可在"风暴指南"选项卡中更改其对应的动画时间和基本属性的设置。比如，我们在空白幻灯片上插入一个圆形，通过"动画风暴"先添加"线性"动画，再在"动作列表（行为）"菜单下单击"添加行为"按钮，选择"缩放"即可为该对象添加缩放动画。选中"缩放"行为后，即可在右侧更改该行为具体的时间和缩放基本属性（图1.6）。

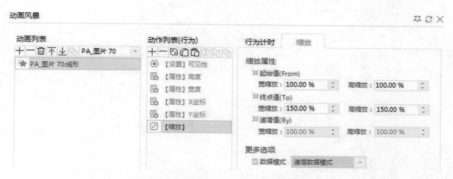

图1.6　为对象添加"缩放"动画属性

（3）添加进场动画。一般在为某一对象添加动画时，应先在"动画列表"设置好对象的进场、强调或退场动画。比如，我们为图片对象添加"路径"进场动画，单击"动画列表"中的 ＋ 按钮，在弹出的动画列表中选择"预设进入型"中的"切入"（图1.7）。添加动画后，该对象所对应的动作行为有所改变，并可以在最右侧的风暴属性面板中设置对应的属性。

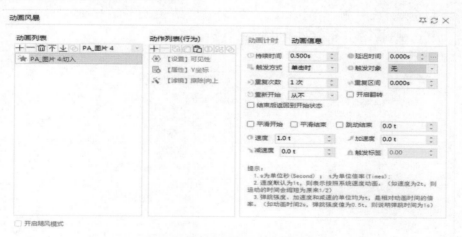

图1.7　为对象添加"进场"动画

（4）更改动作行为属性。"动作行为"是指在对象发生动画的过程中所对应的行为变化，结合本例为对象添加的"切入"动画。它所对应的行为变化有坐标Y的变化、可见性和滤镜擦除。对于这些行为，我们可以在相应的属性列表中更改属性，比如将

"滤镜擦除"更改为"滤镜溶解"，只需单击行为列表中的"【滤镜】棋盘向下"行为，在右侧属性面板中将滤镜类型改为"棋盘"，滤镜子类型改为"垂直向外"即可（图1.8）。

图1.8　更改对象的动作行为属性

（5）添加新动作行为。在动作列表中，不仅可以更改已有动作行为属性，还可以为对象添加新的动作行为，使动画播放时产生更加丰富的动作变化。这里，我们再为插入的图片在切入的过程中增添缩放动作行为：单击"动作列表"中的"添加行为"按钮╋，选择"缩放"，更改缩放比例即可（图1.9）。

除了以上基本的动画、动作行为，更多动画效果还有待学习者自行探索。只要学习者充分利用动画风暴，就能制作出不同风格的动画效果。

图1.9　为对象添加新动作行为

2. 形转路径

顾名思义，利用此工具能够为某一对象添加自定义路径动画。比如，可以制作蝴蝶飞舞、飞机曲线飞行等轨迹动画。下面，以"飞机飞行"为制作案例，介绍具体操作过程。

（1）新建空白演示文稿。新建空白幻灯片，插入预先准备好的飞机图片。

（2）绘画运动路径。单击菜单栏中的"插入"命令，在下拉菜单中选择"形状"选项，绘制一条自由曲线（图1.10），也可绘制其他形状路径。

图1.10　绘制运动曲线

（3）变曲线为路径。选中曲线，单击"形转路径"入口下的"形转选项"，弹出"路径操作选项"选框，勾选"路径对齐至形状"，单击"确定"按钮（图1.11）。鼠标经过曲线会看到曲线轮廓变为红色，说明该曲线已转化为路径。

（4）复制动画路径。选中路径，单击"动画复制"，弹出"动画复制成功"提示后，选中飞机，单击"动画粘贴"，最后将曲线路径删除。播放PPT就可以看到飞机沿着曲线运动了。

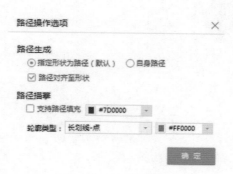

图1.11　变曲线为运动路径

小提示

对象添加形转路径动画后，如想重新设计路径，需先将原有路径动画删除，再添加新的路径。否则，新路径与原路径动画会同时存在，且新动画会发生在原有动画之后。

3. 描摹路径

该工具能够描摹出某一对象的动画路径轮廓，将路径转化成形状后可以对该路径进行顶点编辑，形成新的路径或者将该路径引用到其他对象上。具体操作如下。

（1）创建新的形转路径。按照上述形转路径创建步骤，为圆形对象添加曲线形转路径。

（2）描摹路径。单击圆形对象，选择"描摹路径"，圆形对象的路径以虚线的状态呈现（图1.12）。

图1.12　选择描摹路径

（3）更改路径形状。鼠标右键单击路径，选择"编辑顶点"，可以看到路径曲线上出现黑色拐点。这些黑点就是曲线的顶点。拖动黑点可更改曲线的形状（图1.13），并按照上述步骤将该路径重新设为形转路径。

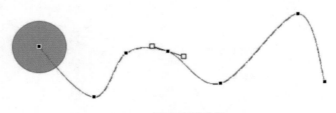

图1.13　更改路径形状

（4）套用路径。当添加的多个对象需要使用同一路径动画时，可将第3步骤中修改的路径进行动画复制，再粘贴到新的对象上。新对象就会按照该路径进行运动。

4. 动画中心

动画中心可以调整对象的动画作用中心（增加空白域）。比如，我们为矩形添加旋转动画时，会发现对象的旋转中心并不符合我们的要求，而且在原有的PPT中并未涉及更改对象中心的工具。所以，在做旋转动画时，会受到很大的限制，而口袋动画的"动画中心"工具就可以实现对象中心的任意调整。通过调整X坐标和Y坐标的数值即可调整中心，具体操作步骤如下。

（1）插入矩形。选择"插入"菜单下的"形状"选项，创建矩形。

（2）更改中心。单击口袋动画中的"动画中心"入口，弹出对话框（图1.14）。在左侧拖动中心标识，可直接移动中心，也可以直接更改X、Y轴坐标进行精确设置。这里将长方形中心更改至右下角（图1.15），单击"确定"按钮即可。

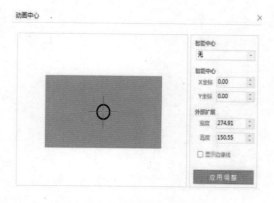

图1.14 "动画中心"对画框

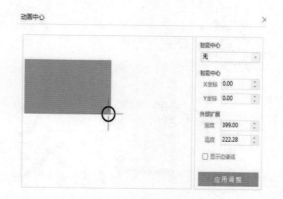

图1.15 更改中心至右下角

（3）旋转矩形。更改矩形中心后，可通过旋转矩形来查看中心变化情况。将矩形顺时针旋转30°，效果如图1.16所示。

图1.16 旋转30°效果

5. 动画合并

在实际操作过程中，我们可能会在同一对象中添加多个动画行为。要想将这些动画行为进行流畅衔接，就可使用"动画合并"工具。该工具能够将所选对象的各自动画行为合并在一起形成一个新的动画，即动画拼接。

6. 文本动画

文本动画包含文本压缩、数据查看、一键导入、快速填充和文本选项工具。"文本压缩"可以对象的文本内容进行一键压缩，压缩设置可在"文本选项"中调整，在"数据查看"中可查看所选文本对象的文本信息。

"一键导入"和"快速填充"工具可实现文本背景图片的填充。以一键导入为例，对文本进行图片填充的具体步骤如下。

（1）创建文本。单击菜单栏中的"插入"命令，从下拉菜单中选择"绘制文本框"选项，输入"口袋动画"，并调整文本大小。

（2）一键导入背景图片。选中文本框，单击口袋动画中的"一键导入"，选择合适的图片即可完成文本背景的填充（图1.17）。

图1.17 文本动画

7. 经典动画

该插件回归经典，重新迎回Office所有的预设动画列表，并突破传统动画列表的局限，拥有属于自己的动画列表和自定义新加动画触发方式（图1.18）。

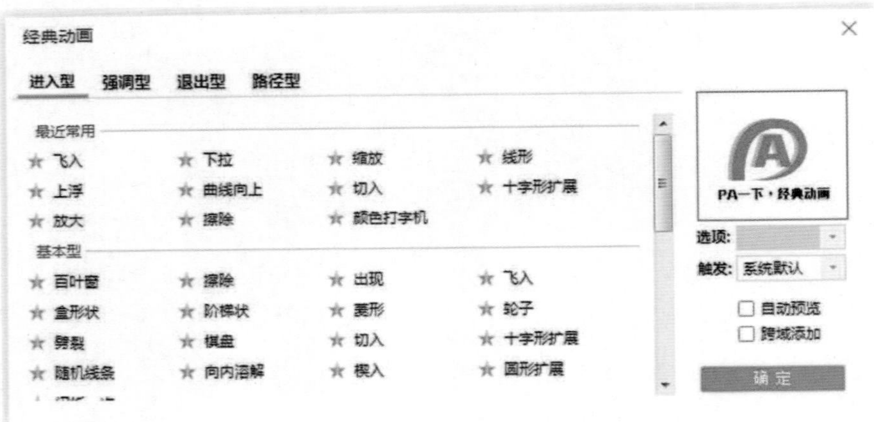

图1.18 经典动画列表

除了以上介绍到的工具，该模块下的动画循环、时间序列等简易工具使用起来也很方便。在制作过程中，利用这些简易工具可大大节约时间，进行高效率制作。

（三）设计

口袋设计是该插件中最简单也是最常用的模块。它主要包含一系列PPT设计过程中敏捷操作、一键式操作工具集合。口袋设计主要实现对对象的美化、处理，作为后续创作动画的前期准备。截至版本4.2.0，该模块共有12个主入口功能、55个子项功能。该模块主要包含在线图形库和创意图形库两个库，图形绕排、矢量工具、颜色替换以及随机设计等工具用来设计、美化图形和文本。另外，还拥有替换组合、定位排版、选择清除等简易工具。

图标库中含有娱乐、信息科技、公式符号、人物剪影等多类型图标以及PNG图片。另外，还有800多个背景模板供用户免费使用。

1. 图形绕排

图形绕排能够实现将选中的一个或多个对象围绕选中的最后一个对象的外形轮廓环绕复制。其中一个主功能下的"绕排图形库"为我们提供了20多个可以通过绕排复制形成的图形样板。我们只需选中要绕排的对象，单击"绕排图形库"中的某一个样例即可实现一键绕排复制。

2. 矢量工具

矢量工具包含文字矢量、自由形状、形图互转、文字拆分等工具。"文字矢量"可将文本转化成矢量图形，编辑顶点可实现二次编辑（图1.19）；"自由形状"实现预设形状自由转化为其他形状的功能；图片和形状之间的转化可使用"形图互转"工具轻松将形状转换为图片；"文字拆分"可将文字按照笔画间距拆分为矢量形状。上述功能均为一键式操作，以"文字拆分"为例，具体操作如下。

（1）创建文本。单击"插入"菜单下的"绘制文本框"选项，输入"口袋动画"，并调整文本大小。

（2）文字拆分。选中文本框，单击"矢量工具"入口下的"文字拆分"即可，效果如图1.20所示。

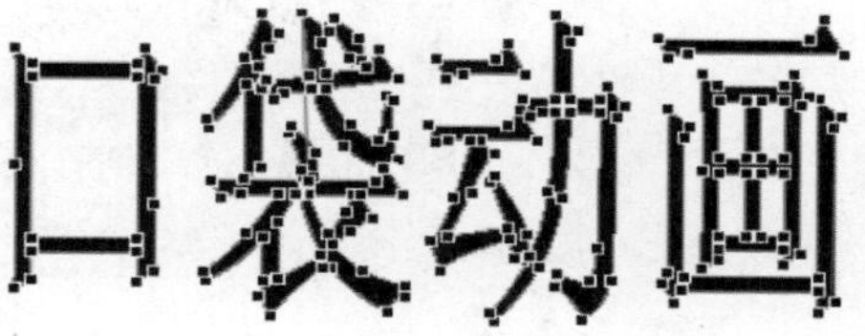

图1.19　矢量图形 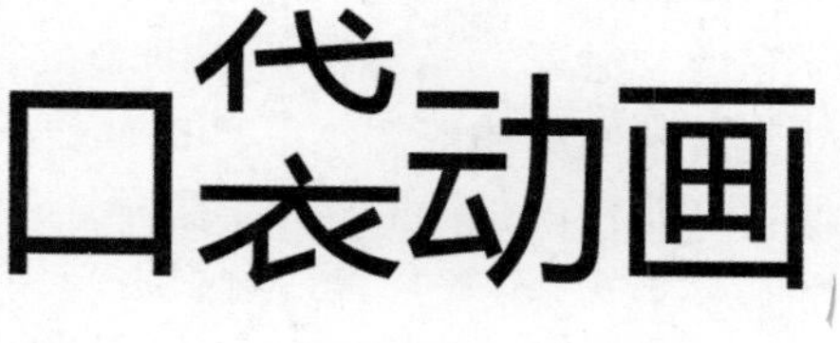　　　　　　　　　　　　图1.20　文字拆分

3. 超级解锁

此功能是从设计者的角度出发，通过对对象进行加锁设置即可实现固定对象的位置、大小、纵横比等属性。

4. 替换组合

替换组合包含对象替换、超级组合、取消组合、脱离组合和循环取消组合。这些工具主要是为了弥补PPT自身带有的组合功能的欠缺。比如"超级组合"工具可以实现将多个对象组合后保留内部各自动画行为属性的功能。这一点在PPT自带组合功能里是无法实现的。"脱离组合"工具能够实现组合对象中某一元素的单独脱离，并保留该对象的动画行为属性。"循环取消组合"可将所有嵌套组合进行取消并保留各自动画行为属性。

5. 资源工具

资源工具列表下的工具主要有高清存图、页面存图、插入SVG和Flash、提取资源、对象填充功能。在制作中，如果想将PPT中的某一张幻灯片以图片的形式保存下来，显然PPT自带功能是无法实现的。利用"高清存图"或"页面存图"工具则可以轻松地将此问题解决。值得一提的是，利用这两种工具还可以直接预设图片的清晰度、大小等属性。如果想在以后借用该幻灯片中的元素，利用"提取资源"即可将页面中所有媒体资源进行导出。"对象填充"可实现将某一对象设置成页面背景或页面另外对象的背景，还可以利用其中的"多对象填充"工具实现多个对象使用同一背景的功能。

口袋设计模块中的"定位排版"和"选择清除"工具是对PPT自带功能呈现方式的优化，能够让使用者快速找到页面参考线、调整页面大小等。在"更多设计"中还有字体统一和一键主题色功能，可以保证整个PPT的字体和色调风格统一。

（四）关于

口袋动画的最后一个模块是帮助中心模块。使用者可以在此模块中设置热键、自动保存文档、合并文档以及了解口袋版本更新信息。

口袋动画是一款很不错的PPT动画制作辅助软件，不愧是PPT动画制作"神器"。除上述介绍中的动画外，利用口袋动画还可以制作序列动画、循环动画、拼接动画、文本动画等多种动画类型，希望大家多多尝试。其实，口袋动画最吸引人的地方，还在于它的"分享"精神。口袋动画素材库里的大部分素材都来源于软件使用者，是大家共建共享的集体资源结晶，正如口袋动画的口号："口袋，分享你我。"制作者可以将自己制作的动画导入资源库与他人分享，这不仅是一种创作乐趣，也是一种技艺切磋!

四、常见问题

（1）口袋动画是一个PPT插件，所以无法独立运行。安装后，打开PPT即可在选项卡中看到。

（2）最新版的口袋动画，涵盖了盒子版和专业版。专业版的功能便是旧版本的功能。用户首次安装默认展示的是盒子版，可以通过单击选项卡下最右侧的按钮进行盒子版和专业版的切换。

（3）安装最新版本的口袋动画后，打开PPT如果仍显示旧版本的口袋动画，要先将旧版本卸载干净（通过系统控制面板卸载），再重新安装新版本。

（4）由于安全原因，口袋动画登录不再支持Windows XP系统。

（5）为防止他人随意使用资源和占用磁盘空间，口袋动画的在线资源在下载应用后会自动删除，不会保存在本地。

PPT 美化大师

一、PPT美化大师简介

PPT美化大师是一款与Office软件完美整合的PPT插件。它优化并提升了已有Office软件的功能及体验，提供了海量的模板与素材，能帮助用户快速完成作品的制作与美化，并使作品更加专业化。PPT美化大师由珠海金山办公软件有限公司开发，功能强大，操作简单，支持一键配色、排版、美化，可以为用户节省大量时间。

二、PPT美化大师的主要特点

PPT美化大师具有美化、设计、素材资源、便捷工具、私人定制等基本功能，而且简单易学，用户只需通过简单的操作即可制作出精美的PPT。

PPT美化大师主要有如下特点。

（1）海量模板与素材。美化大师拥有大量的模板和素材，如各具特色的专题模板、精美灵动的图标、创意画册、实用线条等。为便于用户快速查找和选取，他们还对这些资源进行了细致分类。同时还注重更新，经常会不定期地上传一些新资源。

（2）一键式美化。美化大师具有美化魔法师、一键全自动智能美化等功能，使美化操作变得简单易学，同时也提高了工作效率。

（3）一键输出只读PPT。做好的PPT文档无须再存为PDF格式，一键转为只读模式，不可更改，不可复制，安全而方便。

（4）与Office软件完美结合。完美嵌套在Office软件中，系统稳定，操作简易，运行快速。

（5）支持批量操作。可批量替换字体、设置行距，批量删除页面、动画、备注。

三、PPT美化大师的下载与安装

PPT美化大师为脱机软件，需要下载安装才可使用。输入网址http://meihua.docer.com/进入PPT美化大师官网进行下载。下载时，可更改文件名和下载存储地址。下载完成后，在跳转页面可自行选择安装路径。待安装完成后，在Excel、PowerPoint、Word中即可出现"美化大师"功能菜单。

PPT美化大师需联网运行方可使用美化大师的资源库。母版、图库等都存储在互联网上，在断网状态下是不能使用的。

四、操作指南

该软件为Office插件，下载安装后会嵌套在Office、WPS软件中。使用时，只需打开相应的文件，"美化大师"便会自动显示在菜单栏中。美化大师包含账户、美化、在线素材、新建、工具、资源、其他七个功能组（图1.21）。

图1.21　美化大师插件

（一）账户

账户包括账户登录和我的收藏。注册并登录账户，可以体验更多的功能和服务。利用我的收藏，用户可根据自己的喜好和需要收藏相关的幻灯片、形状、图片等，方便以后使用。

（二）美化

美化组包括更换背景、魔法换装、魔法图示三大功能模块，可以一键更换PPT背景、风格、样式，一键对带有图文的PPT进行美化排版等。

1. 魔法换装

打开一个已经做好的、相对比较简单的PPT作品，在PPT美化大师插件的美化模块中，单击"魔法换装"按钮。此时，PPT美化大师将自动配置模板，包括排版、背景、颜色等，完成PPT作品的整体换装。"魔法换装"为一键美化模式，用户不可自行选择所需模板。

2. 更换背景

单击美化组中的"更换背景"，可以更换PPT背景。选中想要的模板，单击右下角的"套用至当前文档"按钮，PPT整体风格会发生改变。"更换背景"也为一键美化模式，用户可自行选择所需背景，选择所需背景后背景将应用于整个文档，而非单页。

3. 魔法图示

美化组中"魔法图示"可为单页文档插入图示并重新排版。选中所需插入图示的单页PPT，单击"魔法图示"，即可在当前页下方生成该页PPT的新样式，并可根据需要自行调整图示的大小、位置等（图1.22）。

图1.22　魔法图示

小提示

需要注意的是，"魔法图示"仅支持标题+正文（有内容）版式或者PPT美化大师生成的图示内容。

（三）在线素材

在线素材组包含范文、图片、图标功能三个模块。

1. 选择范文

在线素材组中的"范文"即可见各种主题下的PPT模板，如计划总结、商业计划书、工作汇报、企业培训、企业宣传、节日庆典等。用户可根据场合需要，选择合适的范文模板。

单击"范文"，打开"范文"选择界面，这里提供了几千套范文供使用者学习和借鉴，单击相应的模板，选择"打开"，便选定了该模板。选定"范文"即为新建一个主题PPT，用户只需在模板上填充、修改内容即可。

2. 添加图片

在PPT中添加图片既可对文字进行补充说明，也可起到视角冲击作用，使PPT更美观。在PPT美化大师在线素材中，有大量的高清图片可供使用，用户可方便地按照分类查找，选择所需图片。

　　单击在线素材组中的"图片"，选择合适的图片后，单击"插入图片"即可将图片插入至文档。如若图片模板中没有所需要的图片，也可选择"我的图片"自行上传，或在"更多资源"中选择图片（图1.23）。选择自行上传图片则需注册账户并登录。

图1.23　图片素材

小提示

　　选择自行上传图片需注册账户并登录。

3．添加形状

　　在PPT中，有时需要添加一些小箭头、小形状、小图标或者透明背景元素等。PPT美化大师有很多精美且赋有个性的小图标，可直接选择小图标单击插入，省去了抠图、修图的麻烦。

　　单击在线素材组中的"形状"，按照分类查找，选择适合的形状，单击"插入形状"即可将小图标插入文档。也可选择"我的形状"自行上传，或在"更多资源"中选择更多资源。

（四）新建

　　新建组包括新建文档、新建幻灯片、新建目录以及内容规划、画册功能模块。

"新建文档"中包含大量PPT模板，可以自己设置大小，但有些要收费。"新建幻灯片"中有海量资源可供挑选，包含目录页、章节过渡页、图示及结束页。"新建目录"包含多种样式的目录页模板，输入目录即可生成，还可生成配色方案。"内容规划"中可输入内容和标题，由系统自动排版和美化，省去自己排版的烦恼。"画册"中有海量在线画册分类展示，可满足美化PPT的不同需要。

（五）工具

工具组包括替换字体、设置行距、批量删除、导出、只读五个功能模块。下面主要对前三个功能模块进行介绍。如果有兴趣，读者可以继续探索另两个功能模块。

1. 替换字体

利用模板制作的PPT，字体、字号等有可能不符合用户的要求或者不够美观。此时，可以利用工具组中的"替换字体"进行替换。

单击工具组中的"替换字体"，出现"字体替换"对话框，用户可根据自己的需要，选择替换的范围（所有页、当前页或任意指定的页码范围）、对象（标题、正文框、形状、文本框或者表格）、字体、字号以及是否使用粗体、斜体、下划线等（图1.24）。

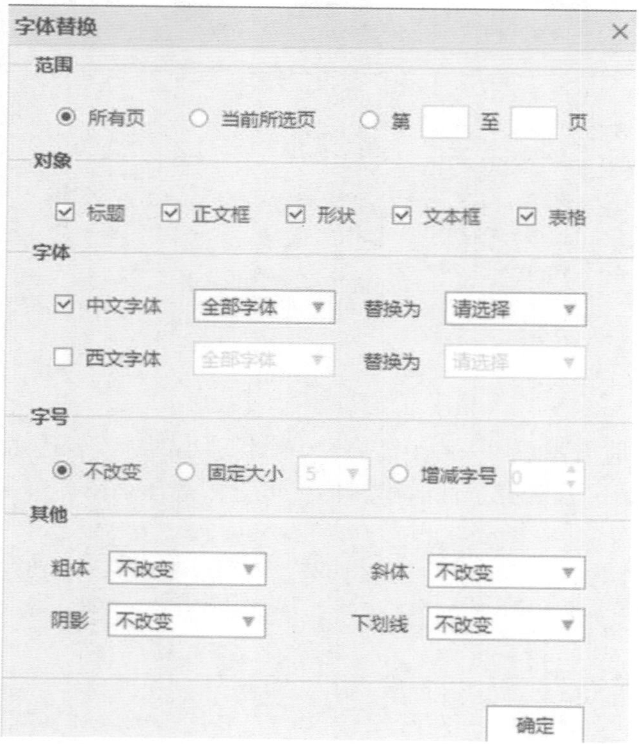

图1.24　字体替换

2. 设置行距

工具组中的"设置行距"，可以对PPT中的文字行距进行设计和调整。根据用户需要可对行距设置的范围、对象、对齐方式及段、行间距等进行设置。该工具组可以针对当前页单独设置，也可以对选定的页码范围内的PPT进行设置，还可以对整个PPT进行设置，方便便捷，最大化地满足用户不同需求（图1.25）。

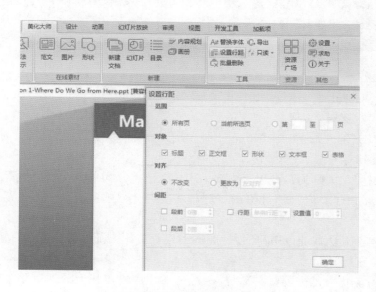

图1.25　设置行距

3. 批量删除

若PPT中需要批量删除一些动画、分页、备注等，可使用工具组中的"批量删除"功能。单击工具组中的"批量删除"，在"批量删除"的右侧会弹出一个小视窗（图1.26）。如选择"删动画"，则出现下拉选项，让用户选择是删除当前页还是删除选定的页码，或者全部删除。

图1.26　批量删除

（六）资源

资源组中有丰富多样的模板，被形象地称为"资源广场"。"资源广场"包含了软件中的所有在线素材，如各种类别的PPT模板、Word模板、Excel模板等。选择"资源广场"中的模板即为新建一个主题PPT，根据用户需要，可自行修改或填充内容。

> **小提示**
>
> 　　使用PPT美化大师"新建"和"资源广场"中的功能时，均为新打开一个文档，并非在本文档中操作。

五、常见问题

（1）PPT美化大师是一个Office插件，所以无法独立运行。安装后，打开PPT即可在选项卡中看到。

（2）PPT美化大师为一键美化模式，用户无法选择为单页文档更换背景、风格。

（3）安装PPT美化大师过程中，建议关闭所有Office组件。安装完成后，重新打开。

（4）PPT美化大师是Office插件，WPS中只有美化大师的部分在线资源，具体功能根据不同版本有所不同。

（5）PPT美化大师需要联网运行。但是，利用PPT美化大师创建并保存的PPT与网络无关，在无网络的情况下也可放映出相应效果。

（6）若下载安装后不显示美化大师选项卡，可在文件信息选项中查看插件是否被禁用或者是否为可用加载项。

OneKeyTools

一、OneKeyTools简介

OneKeyTools简称为OK插件，是一款免费的Microsoft Office PowerPoint和WPS演示第三方平面设计辅助插件，功能涵盖形状、图片处理、三维、调色、表格处理、音频处理、演示辅助等。使用OneKeyTools插件，可以完善PPT的相关功能，帮助使用者更方便、快捷地对PPT中的图片、文本进行批量处理，大幅度提升工作以及学习的效率。本节将对"OneKeyTools 8"的操作流程加以介绍。

二、OneKeyTools的基本功能和特点

OneKeyTools界面清爽直观，功能齐全。它的基本功能和特点可概括为以下几个方面。

（1）操作简单，很多功能一键就能应用。

（2）图片工具丰富，有文字矢量化等PPT静态素材编辑设计工具。

（3）独特的OK神框，有图片虚化、图片亮度递进等多种功能。

（4）具有音频的分割、合并、混音、转换、录音功能。

（5）批量处理文件，OneKeyTools可对PPT文件中的文本、图片等进行批量处理，一键操作，简单快捷。

三、OneKeyTools的下载与安装

（一）下载

OneKeyTools的官网地址为http://oktools.xyz/。进入官网首页，单击相应版本的下载按钮，进入百度网盘下载界面（图1.27）。在此界面中，勾选要下载的文件夹，会出现"保存到我的百度网盘"和"下载"两个选择项按钮。

如果用户已经有百度网盘的账号，可事先登录百度网盘，然后直接单击第一个选择项按钮，就可以很方便地将此软件的安装压缩包存入用户的网盘了。如果用户没有网盘，则需单击"下载"按钮，选择下载路径进行下载（图1.28）。

图1.27　OneKeyTools的下载界面

图1.28　选择下载路径

建议用户提前申请一个百度网盘的账号。这样便于下载，也便于文件管理。

（二）安装

打开下载好的文件夹"OneKeyTools 8"，单击"OneKeyTools 8完整安装包.exe"进行安装。安装完成后，打开PPT软件，在导航栏中就会出现OneKey 8和OneKey 8 Plus两个选项卡（图1.29），说明该插件已经安装成功，可以使用了。

图1.29　OneKeyTools的安装

四、操作指南

单击PPT导航栏中的OneKey 8选项，会弹出界面（图1.30）。

图1.30　OneKey 8选项卡

从图1.30中可以看出，OneKey 8选项卡中共包括帮助、形状组、颜色组、三维组、图片组、图形组、其他组等功能模块。

（一）帮助

帮助模块中包括软件的教程、官网、关注以及设置。单击"设置"，会弹出对话框（图1.31）。在此对话框中，可以对各个功能模块的显示与否进行设置。

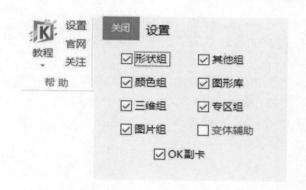

图1.31　OneKey 8功能对话框

（二）形状组

形状组包括插入形状、尺寸递进、控点工具等按钮，主要功能是对各种矢量图进行批量设置。

（1）插入形状。可在PPT页面中插入圆形和全屏矩形，大小可以任意调节。

（2）增强型图元文件（EMF）导入。可以将Adobe Illustrator（一款广泛应用于出版、多媒体和在线图像的工业标准矢量插画的软件）中的素材导入PPT中直接使用，还可将PPT中的图表、表格等矢量图形进行拆分。

（3）一键去除。包括去形状、去同位、去文字、去图片等18种一键去除功能。选中所要去除的页面，单击"一键去除"下拉菜单中的功能标签即可。可选中多个页面进行大批量的一键去除。

（4）尺寸、对齐、旋转递进。这三种递进分别是对图形的大小、对齐方式以及旋转方式进行不同的设置，使所选中的图形具有更多变换。

（5）控点工具。数值化调整形状的控点，可根据需要改变图形的状态。

（6）矩形复制。可为用户提供多种复制方式，包括环式复制、路径复制、尺寸复制等。

（7）拆合文本。可批量处理多个页面的文本效果，会根据回车符拆分文本框，将多个文本框合并为一个文本框，将多字符文本框拆分为多个单字符文本框。

该功能区还有许多其他的功能，在此不一一介绍，读者可以自行探索。

（三）颜色组

颜色组包括纯色递进、渐纯互转、取色器等六个按钮，主要功能是对PPT页面中的各种图形进行颜色上的处理。

（四）三维组

三维组主要包括三维复制、三维刷、三维辅助三个按钮，主要功能是将平面形状进行三维处理，使其变成立体图形，表现更加直观，适合于立体图形的绘制、演示。

选中一个形状，单击三维组中的"三维复制"，弹出对话框（图1.32），在对话框中可对各项参数进行设置。

将递进角度设置为30°，个数设置为12个，选择贴边为X，效果如下（图1.33）。

三维刷的作用类似于Word文档中常用的格式刷工具，可以将所选形状的三维设置根据第一个选中的形状进行统一。三维辅助提供了一键球体、一键立方体等功能。

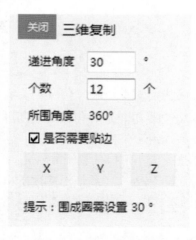

图1.32　三维复制设置

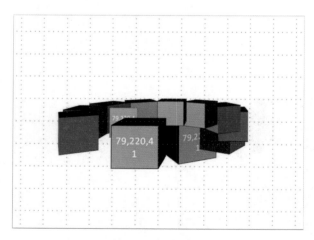

图1.33　三维效果

（五）图片组

图片组主要包括图片混合、一键特效以及页面导图等功能。图片混合包括图片反向、通道拆合、混合置换、变暗、变亮、叠加等功能，可以实现部分Photoshop图层混合效果。一键特效包括图片虚化、马赛克、形状模糊等特效功能，选中要进行处理的图形图片，一键单击就可添加特效。页面导图可将所选幻灯片导出为图片格式，并可对所导出的幻灯片进行一键快速拼图。

（六）图形库

图形库主要包括图形库、库操作、加载库以及添加到库四个功能。用户可以将经常使用的元素添加到图形库中，方便以后需要用到的时候直接从图形库中调用。具体操作步骤如下。

（1）新建库在PPT页面中选中要添加进图形库的图片，单击图形库中"库操作"菜单下的"新建库"（图1.34）。

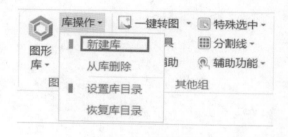

图1.34　新建图形库

（2）在弹出的对话框中设置新建库的名称，选择存放路径，单击"保存"按钮即可。

（3）图形库创建后，单击左侧"图形库"，就可对其中的图形进行查看和调用。

（七）其他组

其他组中的"一键转图"功能可能对用户极有帮助。它可以根据用户需要将图片转化为PNG或JPG格式的图片，还可以将所选图片批量导出为PNG或JPG格式的图片。GIF工具可将所选形状转化为GIF格式的动态图片，也可以将调查中的GIF图分解到PPT中。此外，还可一键为PPT页面添加诸如左上黄金线、垂直三分线等分割线，也可一键调用数字时钟、计算机等功能。

五、常见问题

（1）OK插件为PPT的第三方免费插件，不支持其他办公软件和macOS版Office。

（2）OK插件支持多个Windows操作系统。推荐使用PPT 2010以上版本，可使用OK插件的完整功能。

（3）插件安装前，要关闭各种安全软件，以防拦截正常的注册表写入。

（4）插件安装时，需要选中安装包，然后单击鼠标右键，从下拉菜单中选择"以管理员身份运行"。

第二章　音频编辑

　　多媒体资源包括视频、音频、图形、图像等多种类型资源。音频是多媒体资源的重要组成部分，录视频、听歌、电台广播等活动都与音频有关。人类能够听到的所有声音都可称为音频。声音可以被录制成音频文件，并可以通过数字音乐软件加以处理。在制作宣传片、电子相册和微课时，我们不仅需要加入动听的背景音乐，为了更清晰地表达内容主题还需要为画面配音。因此，掌握几款音频编辑处理软件，将会使我们的作品更加引人入胜。下面就为大家介绍两款音频处理类软件——配音阁和Audacity。

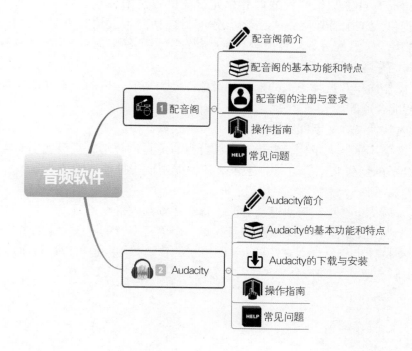

配 音 阁

一、配音阁简介

配音作品总是运用声音里的情绪和语言技巧来吸引受众的注意，引起他们的兴趣。比如微课，优美的画面和文字配以情真意切的语音讲解，可以吸引学生注意力，激发学生学习兴趣，提高学习效果。然而教师在制作微课时往往会为配音而大伤脑筋。配音阁是一款专业网络配音制作工具，由科大讯飞股份有限公司开发，拥有智能语音合成、智能机器配音、真人配音、视频配音、有声阅读等功能及各种特色化、个性化配音服务，可以为用户解决配音的烦恼。

二、配音阁的基本功能和特点

配音阁拥有自主知识产权的世界领先智能语音技术，重点推出语音合成配音工具，同时提供人工配音服务。配音阁服务项目包括广告促销、有声阅读、课件多媒体、专题配音、方言配音、彩铃配音、童声配音、公众多媒体，可适用于各种场景。

配音阁的基本功能和特点可概括如下。

（1）操作简单。选择虚拟的配音员音色，导入需要合成的文本并选择背景音乐，即可进行智能合成配音。

（2）时效性高。文字即刻转语音，可一键获取音频。

（3）文案丰富。大量样音模板文案和背景音库可供挑选，直接使用文案简单修改即可生成合适的广告文案。背景音乐包含各种促销广告神曲、阅读背景音、轻音乐、电台曲目等。

（4）音质优良。更支持语速、音调、音量、音频码率设置。

（5）个性化服务。声音文本内容可编辑，多语言多音色可选。

（6）支持导出与分享。支持导出MP3格式的音频文件，也可以通过QQ、微信、微博发送到电脑或手机，进行分享。

三、配音阁的注册与登录

直接访问http://www.peiyinge.com/进入配音阁官网。单击首页左上角"免费注册"，使用手机或邮箱注册个人账号，注册完成后即可登录。

配音阁手机客户端可在手机软件商店下载使用。

四、操作指南

按照上述步骤登录后，即可进入配音阁首页（图2.1）。配音阁的配音服务分为两个版块，一是合成配音，二是真人配音。

图2.1　配音阁开始界面

（一）合成配音

合成配音使用的是"文字转语音"技术，即机器人配音。无论是在网站平台上还是手机软件上，都需先编辑好文本，然后选择主播。合成配音版块中有英文、中文普通话、特色方言，还有男声、女声可供选择，支持语速、音调、音量设置。

1. 选择配音员

进入软件首页后，单击"合成样音"或者"合成主播"。合成样音中有广告促销、课件培训、有声阅读、彩铃配音、方言配音、童声配音等模块。此处以"课件培训"模块为例，选择一个喜欢的"配音员"，进入案例试听效果（图2.2）。

2. 试听效果

选择课件培训中的某一个主播，进入智能主播详情页，单击 ▶ 按钮进行试听。若感觉试听效果不满意，可更换其他主播。试听结束后，选择"使用此配音制作"（图2.3）。

图2.2　合成配音

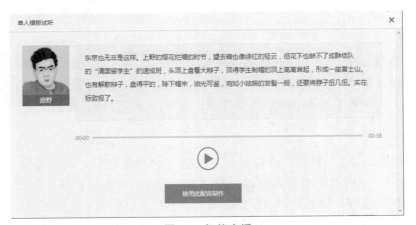

图2.3　智能主播

3. 添加文本

进入配音制作界面，在文本框中输入所要配音的文本。此处，我们为课文《边城》中的一段文字进行配音。在界面上方可输入配音名称"《边城》"，并且可以选择合适的或喜爱的背景音乐，还可调节音乐音量大小、主播的音量大小以及朗读速度（图2.4）。如果某句话或者某段文字前后需要停顿，则选择文本框右侧的"插入停顿"，选择停顿时间即可。

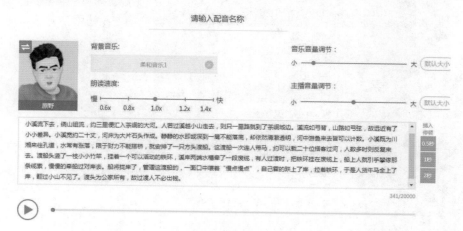

图2.4 添加配音文本

配音阁为收费软件，设置完成后单击"完成并保存配音"，选择付费购买，即可下载音频。此外，如果仅作学习之用，我们也可以借助电脑自带录音机"配音员"录制电脑内部系统声音，将录制的音频存储下来，以备使用。

（二）电脑录音机录制

在打开录音机前，先要检查电脑录音设备并进行设置。以WindowsXP系统设置为例，录制操作流程如下。

（1）打开控制面板下的"声音和音频设备 属性"对话框（图2.5）。

图2.5 声音和音频设备属性设置

（2）在录音控制窗口中单击"选项"，选择"属性"选项，再在属性窗口中选中"立体声混音"，并单击确定。

（3）返回录音控制界面，会多出一栏，勾选"选择"。

（4）录音设备设置完成后，在 "开始程序"的附件中选择"录音机"（图2.6）。

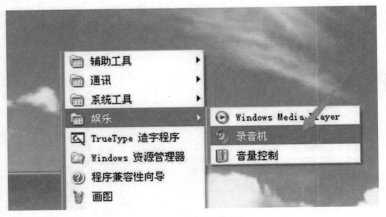

图2.6　选择录音机

（5）单击"录音机"，则出现录音机录制界面（图2.7）。

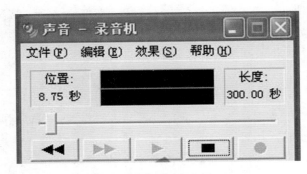

图2.7　录音机录制界面

（6）单击配音阁页面中的"试听"按钮，同时单击录音机界面的"开始录制"按钮。

（7）录制结束后，单击录音机界面的"停止录制"，则会跳出录制音频的保存界面。可自行设置文件名称并选择音频保存位置，以便后期查找使用。

至此，利用配音阁软件和电脑录音功能就完成了一段文字的简单配音，一个音频文件就制作完成了。

（三）真人配音

真人配音需在官网先试听主播样音及播音风格。选好主播后，联系客服，提交文本及主播老师名字，再将背景音乐以MP3格式发给客服。客服会为客户量身定做音频文件。真人配音是付费项目，用户需要支付一定费用。

五、常见问题

（1）合成配音语句不连贯。在合成配音时，可能会有在不该停顿的地方出现停顿的现象，可以通过添加标点符号或者空格键进行调节。

（2）多音字问题。用多音字读音设置即可，例如"为"，想让它读成第四声的话，直接在"为"后面标注"为[=wei4]"。

（3）电脑声音和音频设备设置的方法和步骤会因系统不同而有所差别，可根据具体情况进行设置。

Audacity

一、Audacity简介

Audacity是一款免费的音频处理软件，是在Linux下发展起来的一款遵循GNU协议、源代码开放的软件。它有着简单的操作界面和专业的音频处理效果，可在Mac OS X、Microsoft Windows、GNU/Linux等操作系统上运作。

二、Audacity的基本功能和特点

Audacity具有录音、剪辑等多项音频处理功能，且使用方便、易学易懂，是处理音频常用的软件。用户可以用它对音频文件进行特效处理，也可以用它来进行音频的格式转换。

它的基本特点可概括为以下几点。

（1）工作界面友好完善、布局合理、操作简单。操作过程只需借助鼠标，通过菜单命令的选择和单击按钮来完成。

（2）方便快捷，无须联网，可以随时随地进行音频的剪辑处理。

（3）支持多种文件格式，可以导入与导出MP3、MP4、MOV、WMA、M4A、AC3、WAV、OGG等各种格式文件。

（4）可进行多音轨混音和杂音消除，还可对歌曲原唱进行消除，制作伴奏。

三、Audacity的下载与安装

访问http://www.audacityteam.org/download/进入下载页面（图2.8），单击"Download"按钮，在弹出的对话框中对软件的名称、存储位置进行设置。设置完毕后，单击"下载"按钮或"下载并运行"按钮即可进行下载。也可在浏览器中搜索关键词"Audacity"进行下载和安装。

下载完成后双击安装包，根据系统提示对软件进行安装。Audacity支持多语言，在安装时注意选择中文（简体）即可显示中文界面。

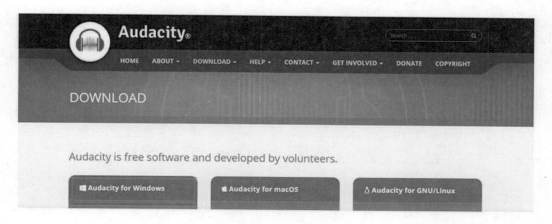

图2.8　Audacity下载界面

四、操作指南

按照上述步骤下载安装之后，双击打开软件，即可进行音频的编辑与制作。该软件的页面如图2.9所示。

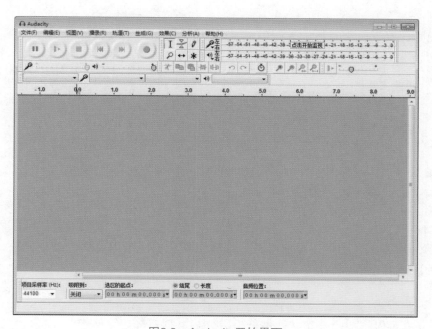

图2.9　Audacity开始界面

下面以歌曲《夜空中最亮的星》的音频文件为例，对Audacity的音频处理过程进行简单讲解。

（一）基本操作

1. 启动 Audacity

单击"文件"菜单中的"打开"命令，打开音频文件"夜空中最亮的星"（图2.10）。

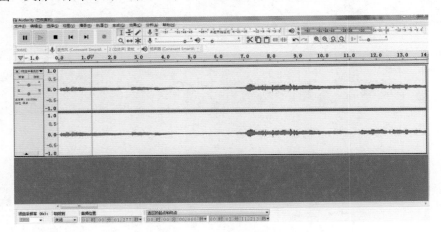

图2.10　打开音频文件

2. 工具栏

工具栏中的各个工具可对音频文件进行简单的处理（图2.11）。

图2.11　Audacity的工具栏

　　播放工具栏可以执行播放、停止、暂停、跳至开头等操作；选择工具栏可以选定、移动、放大显示一段音乐，按住Shift键变成缩小显示；编辑工具栏可以复制、粘贴、裁剪一段音乐，还可以设成静音，编辑工具栏中还可以放大、缩小音乐，可以放大选中片段或者显示整个音乐。

3. 分割声道

Audacity可以将一段音频文件进行声道分割，打开音频文件后，在音轨左边的标签面板中，有删除按钮和下拉菜单按钮。通过操作，可以将立体声分割成单声道。

4. 导出设置

在音频文件处理完毕后可对文件进行导出。在"文件"菜单的下拉框中，"保存项目"命令是保存本音频文件的工程文件，"导出"命令是保存音频文件。单击"文件"菜单中的"导出"命令，对要导出的音频进行命名、质量、声道模式等的选择，最后单击"保存"按钮，即可对音频文件进行保存（图2.12）。

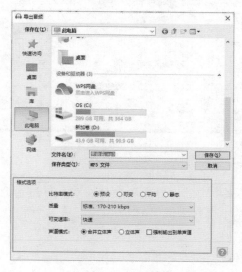

图2.12 文件保存

（二）音量调整

对音频文件进行处理，音量大小的调整是不可忽略的一项。在Audacity中，可以使用"效果"菜单中的"增幅（放大）"命令，对音频文件的音量进行调整。具体操作步骤如下。

（1）单击"文件"菜单中的"打开"命令，打开音频文件"夜空中最亮的星"。

（2）拖动鼠标选中需要调节音量的音频部分，单击"效果"菜单中的"增幅"命令（图2.13）。

图2.13 选择"增幅"效果

（3）在弹出的对话框中，把音量滑块向左或向右拖动，可减小或增大音量，也可在输入框中自行输入分贝数值。设置完毕后可进行预览（图2.14）。

图2.14　调整音量大小

（4）单击"文件"菜单中的"导出"命令，对文件进行命名，保存文件到自己的文件夹即可（步骤参见基本操作中的第4步）。

（三）截取音频

根据需要，单击左键拖动鼠标可以截取其中一段音乐，然后单击"文件"菜单中的"导出选择的音频"命令进行保存。

1. 截取音乐

（1）单击"文件"菜单中的"打开"命令，打开音频文件"夜空中最亮的星"。

（2）该音频文件的时长共2分11秒，对照上方标尺，在15秒处单击鼠标左键，拖动鼠标至大约45秒处松开左键，即为选中此段音频（图2.15）。

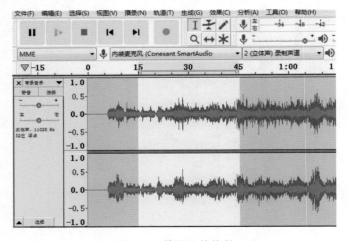

图2.15　截取文件片段

（3）单击"文件"菜单中的"导出选中部分"命令，为截取的音频文件命名，格式用默认，保存到自己的文件夹。

以上操作基本就完成了音频文件的简单剪辑。

2. 精确截取音乐

除了上面介绍的截取音乐的简单操作，Audacity还提供了精确截取音乐的方法，便于更精细化操作。具体操作步骤如下。

（1）在窗口下方的状态栏中，找到"选区"标记，利用选区中的精确计时，对音频文件进行精确的截取（图2.16）。

图2.16　精确截取音频文件

注意：在时、分、秒输入框内单击后，输入框变为白色选中状态即可开始进行输入。帧是更精确的单位，在本例中，输入时间为15.000秒到45.000秒。

（2）单击"文件"菜单中的"导出选择的音频"命令，保存文件。为方便以后继续处理该音频文件，可再单击"文件"菜单中的"保存项目"命令，保存为工程类文件。

（四）声道分离

立体声分为左右声道，分别是背景音乐和主题音乐，利用声道分离，可使背景音乐和主题音乐相互分离。以"夜空中最亮的星"为例对其声道进行分离，步骤如下：

（1）打开待处理的音频文件"夜空中最亮的星"。

（2）在左侧音频信息面板中，单击音频文件名称右侧的倒三角下拉按钮，选择"分离立体声到单声道"命令。

（3）这时音乐会分割成上下两部分，被黄色边框框住的是当前选中的声道，拖动蓝色按钮设置左声道或右声道（图2.17）。

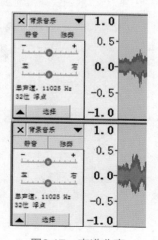

图2.17　声道分离

（4）单击音轨左边标签上的"×"按钮对分离后无用的声道进行删除。

（5）单击"文件"菜单中的"导出"命令，对分离后的音频文件进行保存即可，如果以后还要处理文件，再单击"文件"菜单中的"保存"命令保存工程文件。

（五）话筒录音

Audacity操作简单，接上一个话筒，就可以用来录制音频。

（1）启动打开Audacity，连接好话筒，单击"录音"按钮，即可进行录制。

（2）话筒的音量可以通过录音工具栏中的小话筒旁边的标尺来增减，还可以在系统的声音设置中进行设置（图2.18）。

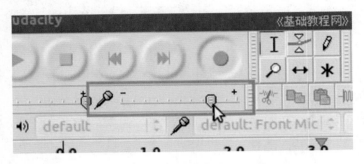

图2.18　音量调节

（3）单击播录工具栏上的"停止"按钮，再单击"文件"菜单中的"导出"命令，保存录音。如果以后还要处理文件，再单击"文件"菜单中的"保存"命令保存工程文件。

（4）系统声音中的录音大小设置，在"系统设置""声音""输入"中设置（图2.19）。

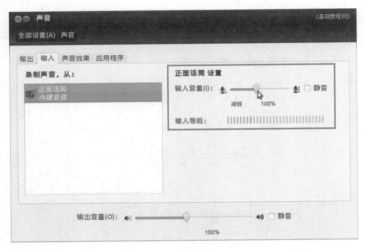

图2.19　用话筒录制声音

（六）降噪

降噪，顾名思义就是减少噪声。降噪在音频文件的处理中是很常见的处理。在"效果"菜单中，有一项"降噪"命令，可以除去音乐中的噪声。操作步骤如下：

（1）启动Audacity，导入音频文件"夜空中最亮的星"。

（2）取得噪声特征。放大音频文件的音波可以发现在两个音波之间有一些锯齿状的杂音。拖动鼠标选中一段杂音，单击"效果"菜单中的"降噪"命令，在弹出的对话框中，单击"取得噪声特征"按钮，取得噪声特征。

（3）单击"编辑"菜单中的"选择"＞"全部"命令，再次单击"效果"菜单中的"降噪"命令，在弹出的对话框中，单击"确定"按钮，这样就可以把噪声消除了。

（七）降调

降调，指在原来的音阶基础上，降低音高，如D调降成C调，A调降成G调等。Audacity提供了降调的功能，可以改变音频文件的音调。

具体步骤如下：

（1）启动 Audacity，导入音频文件"夜空中最亮的星"。

（2）单击"效果"菜单中的"改变音高"。

（3）在弹出的对话框中，选择从"C"到"D"，可以单击"预览"对降调之后的音频文件进行预览，之后单击"确定"按钮（图2.20）。

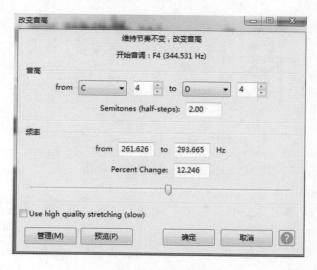

图2.20　音频文件预览

（4）单击"文件"菜单中的"导出"命令，保存处理后的音乐文件，如果以后还要处理文件，再单击"文件"菜单中的"保存"命令保存一下工程文件。

（八）编辑音轨

音轨就是在音序器软件中看到的一条一条的平行"轨道"。每条音轨分别定义了该条音轨的属性，如音轨的音色、音色库、通道数、输入/输出端口、音量等。

（1）按照第四部分中声道分离的操作将音频文件"夜空中最亮的星"分隔成两个独立的单声道，单击下边右声道标签角上的"×"按钮，删除右声道。

（2）单击"轨道"菜单中的"添加新轨道"＞"音轨"命令，新增一个空白音轨。

（3）用拖选的方法，选中第一音轨的2～3秒区域声音，然后单击"编辑"菜单中的"复制"命令（图2.21）。

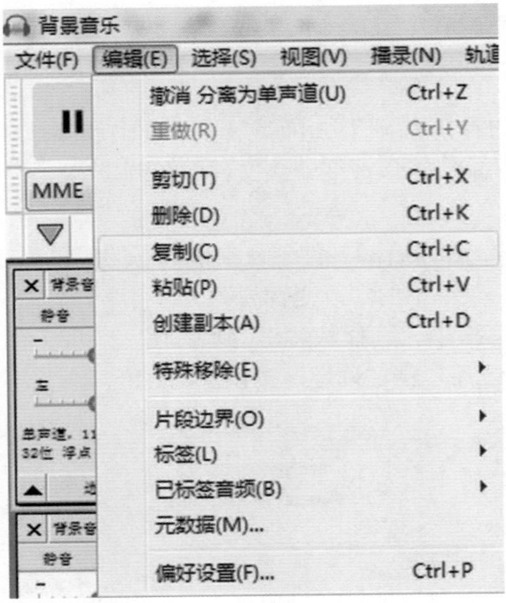

图2.21　编辑音轨

（4）在第二音轨的1秒处单击鼠标左键，然后单击"编辑"菜单中的"粘贴"命令，将音乐粘贴到这里。

（5）在上边选择工具栏中，选择"移动"工具，将粘贴来的片段移动到4秒处即可。

（6）单击"文件"菜单中的"导出"命令，保存处理后的音乐文件，如果以后还要处理文件，再单击"文件"菜单中的"保存"命令保存一下工程文件。

Audacity是一款具有强大的音频文件编辑功能的音频处理软件，以上操作流程只是将本软件常用的功能及其使用流程作了简单的介绍。Audacity还有很多功能，如果想要深入了解该软件，还需要使用者多探索、多发现。

五、常见问题

（1）在视频剪辑的过程中要养成随时保存的习惯，以防出现应用程序错误时来不及保存文件，造成不可挽回的损失。

（2）在处理音频文件的时候，可对音频文件进行工程文件的保存。注意，不能随意删除或移动素材文件，以免丢失，导致下次无法继续编辑。

（3）在"文件"菜单中，"保存项目"命令和"导出"命令是两个不同的概念，"保存项目"命令是对音频的工程文件进行保存，方便以后再次对本音频文件进行编辑，"导出"命令是对当前所处理好的音频文件进行导出，方便在其他应用中打开本音频文件。

第三章　动画制作

　　动画是一种喜闻乐见的类型，无论是在生活、工作还是学习中，都颇受青睐。掌握一两款动画制作软件的使用，不仅可以丰富我们的表达方式，而且可以为我们的作品增添艺术效果。

　　目前，制作动画的软件很多。考虑到软件的功能效果及难易程度等因素，在此选择技术门槛较低、功能相对比较齐全的Focusky和万彩动画大师两款动画制作软件加以介绍。

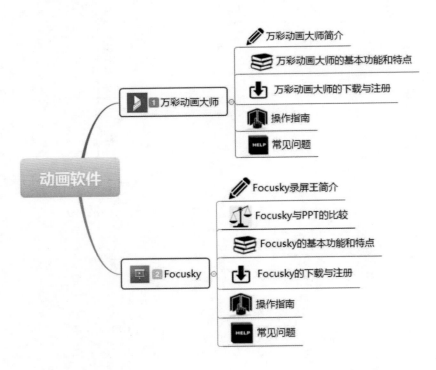

Focusky

一、Focusky简介

Focusky是广州万彩信息技术有限公司于2013年自主研发的一款免费的动画制作软件。这款软件可用于制作动画视频，也可制作动画式演示文稿。作为一种思维可视化演示工具，Focusky 的展示效果新颖炫丽、直观立体。Focusky发布之初，主要面向欧美市场的幻灯片制作人群。2015年5月，公司单独面向国内市场推出了Focusky中文版——"Focusky多媒体演示制作大师"。中文版分为免费版和企业版，基础功能与Focusky基本相同，只是进行了本土化，更符合中国人的使用习惯。2015年9月，该软件功能慢慢倾向于制作动画视频，同时软件中文名更改为"Focusky动画演示大师"，仍分为免费版和企业版。利用Focusky可以制作动画宣传片、微课、公司报告、电子相册等。

二、Focusky与PPT的比较

PPT是微软公司推出的Office系列产品之一，功能强大、简单易学，能方便地将文字、图片、视频、音频、动画素材插入演示文稿中，制作出集多种多媒体元素于一体的演示文稿。PPT一直是教学中使用广泛的演示文稿制作软件。但作为一种基于线性思维方式的工具，PPT "整体性、结构性"显得较弱。Focusky用可视化方式呈现出整体的知识结构，让所有知识细节都置于整体结构的大框架之下，很好地弥补了PPT的不足。而且，Focusky的操作便捷性以及演示效果远远超越了PPT，用户利用Focusky可以很轻松地制作出具有动画效果的演示文稿。

三、Focusky的基本功能和特点

Focusky主要通过缩放、旋转、移动等动作使演示文稿变得生动有趣。该软件的主要特点可归纳如下。

（1）操作简洁，易上手。Focusky操作界面简洁直观，尊重用户已有的软件使用习惯；还可轻松导入PPT，所有操作即点即得；在无边界的画布上，拖拽移动也非常方便。

（2）思维导图式的体验，从整体到局部。Focusky可轻松制作出思维导图风格的

幻灯片演示文稿，以逻辑思维组织路线，引导观看者发现和思考。

（3）3D 幻灯片演示特效。传统 PPT 采用单线条时序，只能一张一张切换播放。Focusky 打破常规，采用整体到局部的演示方式，以路线的呈现方式，模仿视频的转场特效，加入生动的3D镜头缩放、旋转和平移，像一部3D电影，给观看者带来强烈的视觉冲击力。

（4）丰富的动画特效。Focusky 具有类似PPT的插入各类素材及动画编辑等功能，运用对象动画特效（进入、强调、退出）和动作路径特效，可让演示动画更加生动有趣。

（5）无限放大、缩小不模糊。画布无边界，滚动鼠标可实现局部放大或缩小，而且无限放大矢量元素也不模糊。

（6）内置大量模板和素材。Focusky 含有多种线上主题模板、50多个3D背景模板、上千种动态和静态角色，以及丰富的艺术图形、符号、动态酷炫视频背景和矢量图等大量可用资源。

（7）支持多种输出格式。Focusky 可轻松输出 HTML、EXE、ZIP 等格式文件，还可以直接输出为 PDF 文档，方便浏览打印与分享。

四、Focusky 的下载与注册

直接访问http://www.focusky.com.cn/ 进入官网（图3.1），单击"免费下载"即可完成软件下载。下载完成后，双击 FS 应用程序，按照安装向导指示安装即可。Focusky 的安装简单，支持各种操作系统。使用 Focusky 制作动画演示以及保存文件，不需要激活软件，但是如果需要发布输出文件，则需要激活软件。激活软件有两种方式，一种是在官网上注册，一种是直接在软件上注册。以第二种方式为例，激活步骤为：①启动Focusky。安装时可创建该软件的快捷方式。双击快捷图标启动程序，进入 Focusky 首页。②免费注册。单击软件右上角的"免费注册"，在弹出的对话框中输入邮箱地址以及密码进行账号注册（注册时需要电脑能上网，不然收不到邮件验证码）。③查看邮箱，单击账号激活链接。激活成功后便可在 Focusky 软件上登录账号（图3.2）制作动画演示文稿了。

图3.1　Focusky 官网

图3.2　Focusky 登录界面

五、操作指南

（一）Focusky界面介绍

Focusky的编辑区域相当于一张无边际的画布，使用者可以将所要表达的内容随手添加在这张大画布的任意地方。与PPT操作界面类似，Focusky的操作界面上方是工具栏，左侧是添加帧窗口和路径编辑区/预览区域，右侧是格式工具栏，中间是画布/编辑区域，工作区域的两条边界是一横一纵的快捷工具栏（图3.3）。

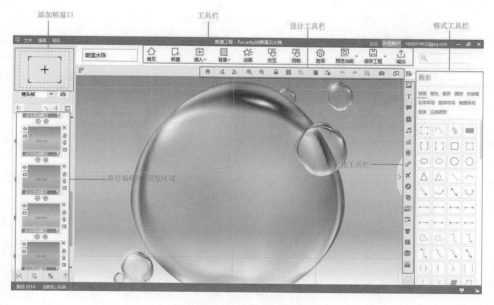

图3.3　Focusky的编辑界面

（二）制作流程

利用该软件制作课件的流程可以概括为五个步骤，即新建项目并自定义文档背景，把帧添加到路径，丰富文档内容，添加动画效果并进行预览，最后是文档的发布与输出（图3.4）。

图3.4　Focusky制作流程

1. 新建项目并自定义文档背景

Focusky 提供了较多的模板，在官网上还有大量模板可供下载和使用。Focusky的模板中，既包括大量能够体现逻辑和过程线索的模板，如"路""登峰"等，也有大量树状、圈状的思维导图，如"枫叶""简单的圆"。这些模板可以把相对枯燥的逻辑线索故事化，也可以直观地反映知识体系的全貌以及各知识点在整个知识体系中的位置。需要注意的是：在挑选模板时，应根据所讲知识的特点，挑选能够体现知识结构、知识情境的模板。比如，如果想做语文古诗词《声声慢》的微课，可以用"水墨山水画"模板；如果做一个化学酸碱盐实验的微课，选"圆底烧瓶"模板比较适合。同时，Focusky还提供了空白模板，为使用者创造了更广阔、更自由的创作空间。这里我们以新建空白文档为例进行介绍。

（1）新建空白文档。启动Focusky，单击"新建空白项目"，在布局页面中同样选择"新建空白项目"，单击"创建"，空白文档即可创建成功。

（2）添加背景。单击工具栏中的"背景"菜单，可以为空白文档添加背景。Focusky 共提供了3D背景、图片背景、视频背景和纯色背景四种类型的背景样式。其中图片背景模板含有简约、风景、人物、线条等多类型背景，可根据需求选择合适的背景，当然也可以自定义背景（图3.5）。

2. 把帧添加到路径

学习使用 Focusky 须先了解"帧"的概念。PPT是以"页"为单位的，内容必须要放置在某一页中，上一页与下一页没有内在的联系，完全依靠制作者的设计和操作。与PPT不同，Focusky 有一张大的背景画布。在这张画布中，选择一个局部就是一帧，相当于PPT中的"页"。Focusky 是以帧（路径）的形式进行播放的，每一帧就是一个分镜头。我们在背景图中可继续添加帧。

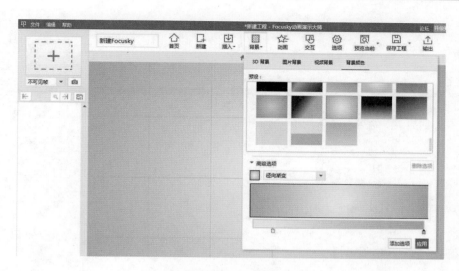

图3.5　画面添加背景

在界面左侧帧编辑窗口选择"矩形帧"选项，单击或拖动"矩形帧"窗口便可将其添加到主窗口，主窗口会出现矩形框，这里的矩形框就相当于一张幻灯片，我们可以对其大小、位置、形状等进行调整（图3.6）。

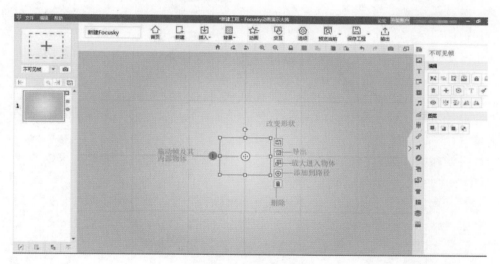

图3.6　对"帧"的编辑

小提示

　　用户不仅可以自己创建帧，还可以将页面的任意一个元素转换成帧，只需先创建帧，再将帧的矩形选框拖动至元素上的合适位置即可。

按照上述方法，我们在背景图的不同位置上多创建几个帧（图3.7）。这些帧会自动出现在"路径编辑区/预览区域"，就相当于一张张幻灯片。通过上下拖动它们的位置可调整顺序。

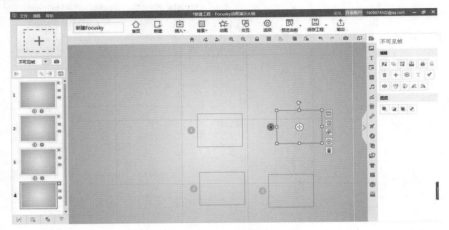

图3.7　创建多个帧

3. 丰富动画演示文档的内容

完成路径的操作后，就可以往幻灯片里添加元素了。Focusky 支持多种元素的添加，可根据实际需要插入图片、图形、文字、视频等多媒体素材。图文结合、动静搭配，使得文档内容丰富有趣。这里以插入图形为例进行介绍。

（1）插入素材。首先选中一个路径，选择工具栏"插入"菜单下的"图形"工具，或在快捷工具栏中选择 按钮，可看到 Focusky 图形库中提供的常用图形以及矩形、圆形、符号、对话框等多种图形样式。找到一个目标图形，如"虚线矩形"，选中后单击主窗口中任意位置，虚线矩形就添加到主窗口了（图3.8）。

如果要在插入图形内添加文字或图片素材，只要在图形内右键单击出现的各种素材的菜单（图3.9），就可以插入素材了。

（2）编辑素材。编辑素材主要包括对素材进行缩放、旋转、删除、格式及动画设置。缩放、旋转、删除等功能与PPT操作相似，在此不赘述；格式设置主要是对素材的颜色、阴影、边框、投影、填充、艺术字、动画等进行设计和处理。

4. 添加动画效果并进行预览

Focusky有300多种对象动画特效、50多种自定义路径动画和交互设计可用于设置手绘动画。快速添加手绘动画效果到各类物体中，让物体以手绘方式展示出来，形成动画效果，可使演示文稿变得生动形象。合理运用进入、强调、退出动画特效，可使重要的内容得以凸显，起到强调作用；运用动作路径特效，则可使物体对象沿着预设路径移动，让图片、图形、文本动起来，从而让演示文稿变得生动有趣。下面以文本为例，介绍其添加进场的动画特效。

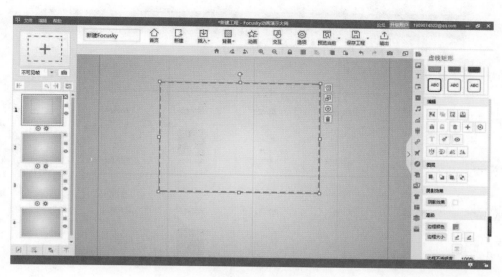

图3.8　插入素材

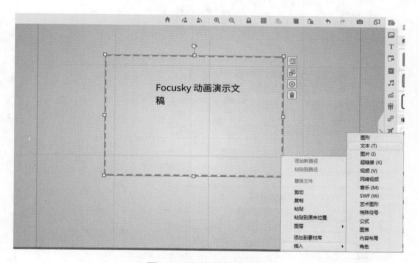

图3.9　可使用的素材库

（1）选中文本。在"路径编辑区/预览区域"选择一张幻灯片，单击选中文本框。

（2）添加动画。单击工具栏中的"动画"，进入动画编辑窗口。选中对象，单击"添加动画"，弹出动画效果选择对话框（图3.10），可为对象添加进入、强调、退出、动作路径等动画效果。

这里为文本添加"弹跳进入"出场动画（图3.11）。如果要删除动画，只要选中动画，单击动画操作面板底部的"删除动画"即可。设置完成后，单击"退出动画编辑"，继续其他操作。

（3）预览动画。单击工具栏中的"预览当前"，可实现动画效果的预览。

图3.10　添加动画

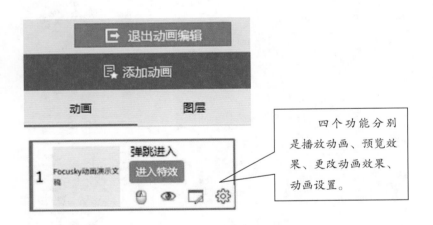

四个功能分别是播放动画、预览效果、更改动画效果、动画设置。

图3.11　编辑"添加动画"

5. 文档的发布与输出

所有场景设置完成后，在幻灯片预览区直接拖动幻灯片上移或下移可调整各个幻灯片的出场顺序。完成后，单击"文件"菜单下的"输出"，可将作品发布成应用程序、视频、网页等多种格式的文件。

以上是对Focusky的简单介绍，除上文介绍的主要功能外，还有其他一些功能值得大家去探索！如它能直接输入和编辑数学公式，而不需使用公式编辑器；具有字幕、配音及屏幕录制功能等。

六、常见问题

（1）添加到演示中的视频的外形都默认为矩形。可以通过视频外观设置选择其他形状。不同情况下可有不同的选择。

（2）当在帧内使用图片时，有时不一定要用全图，可以适当地裁切图片使图片更具美感。

（3）对齐工具可以帮助我们快速对齐帧内的元素，包括左对齐、右对齐、居中对齐、上对齐、下对齐、同宽、同高、等宽等高、水平居中、垂直居中等。

（4）当多个文本或多个元素的动画需要设置成一样时，可利用文本格式刷或动画格式刷进行快捷操作。

（5）要使路径比例跟电脑的显示屏比例一致，才能保证帧里的内容能够全屏播放。将视频拉大至帧大小，播放视频时便能够全屏播放了。

万彩动画大师

一、万彩动画大师简介

万彩动画大师是广州万彩信息技术有限公司旗下的一款免费的图文动画（Motion Graphic，MG）视频制作软件。万彩动画大师功能强大，技术门槛较低，操作简单易上手，适用于制作企业宣传动画、动画广告、营销动画、多媒体课件、微课等。用户可以在无限大的视频画布上添加文字、图片、视频、动画、声音文件等，轻松制作高水平的MG动画作品。

二、万彩动画大师的基本功能和特点

万彩动画大师的基本功能和特点如下。

（1）快速简单的操作体验。万彩动画大师界面简洁，操作简单，用户短时间内便可学会制作；软件提供了大量动画模板，涵盖多个主题内容，下载并替换模板内容便可快速制作出酷炫的动画宣传视频、微课视频等。

（2）别出心裁的镜头特效。缩放、旋转、移动的镜头特效可使动画视频更富有镜头感，让观者拥有更好的视觉享受，且镜头切换非常流畅。

（3）内置丰富场景、矢量图片等素材资源。万彩动画大师提供涵盖多个主题的精美场景、高清矢量图片素材库、各类精美对话框、种类众多的SWF动图库，合理利用这些资源能够整体提高动画视频场景的美感跟质感，营造出不同的场景氛围，让动画视频变得生动有趣。

（4）栩栩如生的动画角色。表情多样、种类繁多的动、静态动画角色，可增加动画视频的趣味性和互动性；除此之外还有种类齐全的角色肢体语言（敲门、刷牙、洗澡、唱歌、惊恐、跑步等），普遍适用各类具体情景。

（5）酷炫的动画特效。场景中的文本、图片等元素都可添加酷炫的动画特效，从而提高动画视频的动感与美感，让整个动画视频妙趣横生；各场景间还能设置丰富的过渡动画效果，使场景间切换自然不突兀，同时提升了整个动画视频的视觉美感。

（6）轻松添加字幕和配音。万彩动画大师自带字幕轨道，使用者可轻松添加字幕并调节字幕设置；软件具有语音合成功能，只要您输入文本，就可以生成不同语音（男音、女音、普通话、卡通人物语言、方言等），还可以调节语音的音量和音速。美轮美奂的场景、生动形象的内容，再配上合适的字幕和配音，可轻松打造动画影视效果，在有效传递信息的同时也给观众带来美妙的视觉体验。

（7）支持输出多种格式。除了能够输出MP4、WMV、AVI、FLV、MOV、MKV等多种格式的视频，用户还可上传为云作品在线播放或分享到微信等众多社交平台，非常方便。

三、万彩动画大师的下载与注册

访问万彩动画大师官网（http://www.animiz.cn/），单击"立即下载"可以直接下载正版软件，下载完成后，双击 **AM** 应用程序，按照安装向导提示安装即可。

使用软件创建、保存工程文件不需要注册软件，但是在使用某些素材或是发布作品时需要注册登录才能完成。万彩动画大师的注册方式有两种：一种是在官网页面上注册，一种是直接在软件中注册。以第二种方式为例，注册步骤为：①启动万彩动画大师。安装时可创建该软件的桌面快捷方式，双击图标启动程序，进入万彩动画大师首页。②免费注册。单击软件右上角的"登录"按钮，若无账号单击"没有账号"按钮（图3.12），在注册窗口输入邮箱地址以及密码，单击"注册"按钮（电脑在联网状态下才能注册）。③查看邮箱，单击账号激活链接。激活成功后便可在万彩动画大师上登录账号，制作动画视频了。

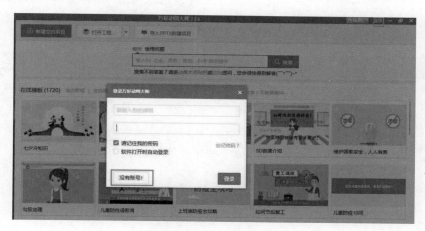

图3.12 万彩动画大师注册界面

四、操作指南

（一）开始界面

万彩动画大师的开始界面由菜单栏、注册登录、最近打开工程、模板搜索、模板列表等几部分组成（图3.13）。

图3.13　万彩动画大师的开始界面

（二）操作界面

　　用户可以通过下载和使用开始界面中的大量模板或是选择菜单栏中的"新建空白项目"来创建新的项目工程。进入工程页面可以看到，万彩动画大师的操作界面由工具栏、菜单栏、元素工具栏、场景编辑栏、画布编辑/预览区域和时间轴组成（图3.14）。

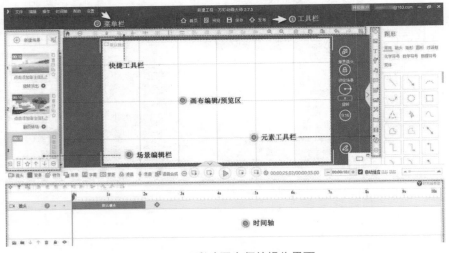

图3.14　万彩动画大师的操作界面

1.工具栏

工具栏包括首页、预览、保存、发布及快捷工具栏按钮。

（1）首页。单击"首页"按钮可以回到万彩动画大师的开始界面。

（2）预览。单击"预览"按钮可以预览已完成的整个动画视频效果。

（3）保存。单击"保存"按钮可以快速保存已制作的动画视频内容与设置等。

（4）发布。将已完成的项目工程输出到云，分享到微信，输出成视频或输出Gif。

①输出到云。将动画视频输出到云服务器，得到一个在线链接以及二维码，然后便可分享链接或二维码到微信或其他网站中。②输出成视频。可以输出成多种格式的视频，比如MP4、WMV、AVI、FLV、MOV、MKV，还可以选择视频大小以及帧频。③Gif。发布成Gif，可在"高级选项"中设置Gif的大小、帧速等。

（5）快捷工具栏。我们需要经常使用到的一些功能如下。

🏠 显示所有物体（Home）；

☺ 对镜头中的物体进行调整，可以设置对齐、宽高、间距、翻转、图层顺序等；

⬒ 清除物体的旋转角度；

🗑 删除已选中的物体；

🔒 固定物体的位置使其不随镜头动；

⬚ / ⬚ 使组件间垂直间距相等/使组件间水平间距相等；

⬚ / ⬚ / ⬚ 使同宽高/使同样高度/使同样宽度；

⬚ / ⬚ / ⬚ / ⬚ / ⬚ / ⬚ 左对齐/右对齐/垂直中心对齐/上对齐/下对齐/水平中心对齐；

⊕ / ⊖ 放大/缩小当前选择的物体；

🔒 锁定当前场景；

⬚ / ⬚ 复制/粘贴；

↶ / ↷ 撤销/重做；

⬚ 查看操作历史。

2.菜单栏

菜单栏中包括文件、编辑、操作、时间轴、帮助、设置。

（1）文件。可以新建工程、打开工程、关闭工程、保存工程、另存工程以及发布动画视频等。

（2）编辑。可以预览动画视频，导出或导入选中的场景；撤销、重做、复制、剪切以及粘贴内容等。

（3）操作。可以对场景中的镜头和物体进行翻转、锁定、删除、对齐等操作。

（4）时间轴。对操作界面下方时间轴中的镜头、背景、字幕、录音等进行修改；还可以修改动画视频的播放速度。

（5）帮助。在这个栏目下，可以跳转到万彩动画大师的帮助中心，了解当前软件的版本信息，检查软件更新以及联系我们。

（6）设置。可设置是否双击编辑图片/文字。

3.场景编辑栏

在场景编辑栏中用户能够看到场景的缩略图，可以复制场景内容，增加/删除场景以及调整场景播放顺序（图3.15）。

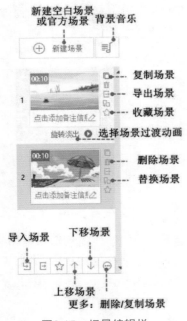

图3.15 场景编辑栏

4.元素工具栏

通过元素工具栏可以添加各种多媒体内容到动画视频中（图3.16），比如图片、图形、视频和音乐等。选择相应的元素，然后单击便可添加到画布中，还可以自定义元素的设置等。

图3.16 元素工具栏

5.时间轴

在时间轴中，可以添加视频镜头、背景、字幕、录音，添加动画效果到元素，调整物体播放时间，调整场景播放时长等。

（1）内容列表。添加在场景里头的内容都会显示在时间轴上，为了方便浏览与编辑，以列表的形式展示出来（图3.17）。

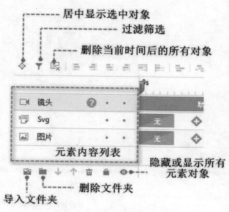

图3.17 时间轴中的内容列表

（2）镜头。单击 □▷ 镜头 按钮可以将镜头轨道添加至内容列表中，单击镜头轨道中的 ◆ 按钮可以添加新镜头到场景中，然后可在镜头中添加内容，还可通过旋转跟平移镜头让动画视频有生动的旋转以及移动效果。

（3）背景。单击 ▨ 背景 按钮可以将背景轨道添加至内容列表中，单击背景轨道中的 ◆ 按钮可以添加图片背景或改变背景颜色。

（4）字幕。单击 T 字幕 按钮可以添加字幕轨道，为场景添加所需要的字幕，还可以自定义字幕的字体、大小以及颜色。

（5）录音。单击 🎤 录音 按钮会出现"开始录音"的按钮，录好音频后，已录制的音频会直接显示在时间轴上。

（6）添加动画效果。选择已添加在场景中的物体，在其对应的轨道中双击 ◆ 按钮前面的时间条能够改变物体的入场动画，双击 ◆ 按钮后面的时间条能够改变物体的退场动画，拉伸或缩短时间条可以改变动画的持续时间。

（7）视图缩放。拖动 ▲———————▲ 滑块进行调整可以放大缩小整个时间轴的内容。

（8）场景时长。| − |00:06.96| + | 时间栏这里显示的时长是当前场景的持续时长，单击左右两侧的加减号能够改变时间轴长度，但是当场景总时长等于素材持续时长时就不能继续减少时间轴长度了。

（9）自动适应。单击 ☑ 自动适应 选项框选中后，删除素材将会自动适应时间轴长度，添加素材将会自动延长时间轴，不会弹出提示。

6.画布编辑/预览

在画布编辑区域（图3.18）可以编辑元素设置，添加的元素也将显示在这里，单击"预览"按钮还可以直接预览场景的动画效果。

图3.18　画布编辑

（三）操作流程

下面以"最喜欢的东湖"为例，展示万彩动画大师制作动画视频的基本操作流程。

1.新建项目并添加场景

（1）新建项目。双击快捷方式打开软件，进入万彩动画大师的开始界面，单击"新建空白项目"按钮新建工程文件。

> **小提示**
>
> 　　用户也可以在开始页面下载合适的模板，通过对模板内容的替换，完成动画视频的制作。

（2）添加场景。场景，即表演的舞台。故事中的人物需要在舞台上演绎故事。这时我们就需要先创建一个场景。空白项目中自带一个10秒的空白场景，用户可以在空白场景中添加自定义背景来创设情境，或是单击"新建场景"按钮进入场景选择界面。万彩动画大师中提供了大量在线场景，包括古代外景、室外道具、现代内景、现代外景、自然环境、健康与医疗等。为了快速找到所需场景，可以运用右上角的搜索功能来快速查找。这里，我们选择添加适合主题的现代外景（图3.19）。

图3.19 创建场景

2.添加人物、道具

创建场景之后，就可以在舞台上增加各种表演元素了。对于场景动画而言，人物是必不可少的。此外，我们还可以在场景中增加更多的物体（如桌子、文具、灯等）或者为人物增加衣物、帽子等。和场景、人物的选择一样，可以通过搜索关键词来快速查到需要的道具图像。通过在场景中、人物上添加各种各样的道具，就可以使场景和人物千变万化，更加符合情境营造的需求。基本操作流程如下。

（1）添加人物形象。单击元素工具栏中的"角色"按钮，进入角色选择界面后选择合适的人物形象，单击人物可以选择人物表情和动作，并将其添加到场景中。另外，还可以对场景中的人物进行放大缩小、变形、翻转等操作。

（2）添加道具。单击元素工具栏中的"Svg库"按钮 或者"图片"按钮 ，选择合适的道具添加到场景中。如果没有合适的道具，也可以单击"图片"中的"添加本地图片"按钮来添加提前准备好的道具（图3.20）。

图3.20 添加道具

3.添加动作

有了舞台，有了人物，就可以设定故事情节了。故事是靠人来表演的，需要根据故事的需要，为每个人物设置相应的表情和动作。万彩动画大师中可以为角色添加角色表情和角色动作，还可以添加镜头转换场景。操作流程如下。

（1）添加或修改进场/出场效果、人物角色的表情和动作。选中场景中的人物，右键单击选择"定位对象时间轴"，可以快速找到人物对应的时间轴轨道。人物轨道分为两行，第一行可以添加进场/出场效果（图3.21）；第二行可以添加人物角色的表情和动作，右键单击已有的动作选择"添加/修改角色表情"或直接单击第二行中的 ◆ 按钮，可以设置人物角色动作效果（图3.22）。

图3.21　添加进场／出场效果

图3.22　添加人物角色的表情和动作

（2）添加镜头。利用"镜头"功能可以给人物设置不同的景别类型，还可以转换不同场景。单击镜头轨道中的 ◆ 按钮即可添加镜头，镜头的位置、角度、大小都可以通过镜头外框线进行调节（图3.23）。若添加的新镜头在默认镜头之外，可以在新镜头中添加图片等元素创设新情境。

图3.23　添加镜头

4.添加字幕

　　动画字幕是在一部动画影片中以各种形式出现的文字。字幕一方面可以对画面内容起强调、提示、补充或者说明作用，另一方面可以弥补同期声的缺陷。字幕的出现要照顾到全片的整体结构，注意和其他艺术手段相配合，并且与人物动作相对应。因此，若人物有台词，则在添加动作后的下一步就要添加字幕。具体操作流程如下。

　　单击时间轴上方的 字幕 按钮添加字幕轨道，在弹出的字幕窗口中单击"添加字幕"按钮并输入提前设计好的字幕。双击字幕轨道中的时间轴，会弹出字体设置窗口（图3.24），可以对字幕的字体、大小、进场/退场效果进行设置，设置好字幕格式后单击"保存"按钮即可。

5.添加配音

　　一部好的动画不仅要具备精彩的画面而且要有悦耳的声音。动画中的配音不仅赋予角色生命力，更加讨人喜欢，而且使动画中的世界更加具有真实性。教学视频中的配音可以调动学习者的情绪，渲染气氛。万彩动画大师中有三种添加配音的方式，分别介绍如下。

　　（1）文本转语音。在设置字幕字体的窗口中，单击左下角"同步语音"选项框可将字幕文本转换成配音，同时添加到时间轴轨道上；单击"语音配置"按钮可选择不同的音色并设置语速和音量（图3.25）；单击"试听"按钮可以试听文本转换的配音效果。

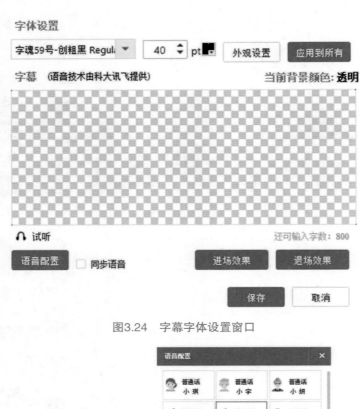

图3.24 字幕字体设置窗口

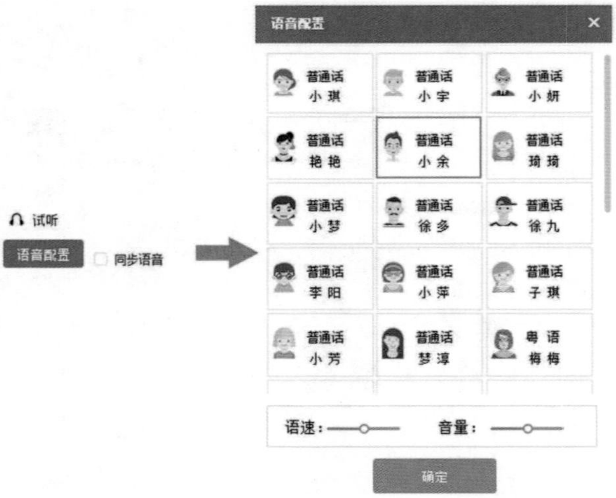

图3.25 合成语音的语言配置

（2）添加录音。单击时间轴上方的 🎤 录音 按钮，会出现"开始录音"按钮 🎤 ，单击后会出现"开始倒计时"，3秒后开始录音。录音结束后会出现三个图标："播放"按钮 ▶️ 、"重播"按钮 🔄 、"应用"按钮 ✅ 。单击"应用"按钮，已录制的音频会自动添加到时间轴轨道中。

（3）添加本地音频。单击元素工具栏中的"音乐"按钮，在跳出的界面中单击"添加音乐"按钮，选择本地已录制好的配音文件后单击"打开"按钮，在软件自动转码后，本地音频会被添加到时间轴轨道中。

如果想对配音进行修改，单击时间轴中的音频，在元素工具栏右侧会出现"音频设置窗口"，单击"裁剪音频"按钮会弹出声音编辑器窗口（图3.26），可以对已添加的音频进行修改。

图3.26　声音编辑器

6.动画视频的发布与输出

单击工具栏中的"发布"按钮，选择发布类型（以输出成视频为例）。选择"输出成视频"然后单击"下一步"按钮，弹出发布视频的设置窗口（图3.27），在高级选项中可以更改视频的大小、格式、帧频等设置，设置完成后单击右下角"发布"按钮，视频渲染完成后就可以查看生动活泼的动画视频。

图3.27　发布视频的设置窗口

五、常见问题

（1）万彩动画大师有电脑版和网页版（秀展），网页版的操作方法与电脑端一致。

（2）免费版软件在使用过程中可下载的场景或其他素材有限。如果需要使用更多资源，可在万彩动画大师官网购买VIP，升级为个人版、教育版或企业版。

（3）在动画制作的过程中，各元素持续时间长短是通过拖拽时间条来控制的。

（4）用户可以将其他模板中的一些场景、图片等元素添加至素材库（右键单击元素选择"添加至我的素材库"），在制作自己的动画视频过程中，可以从素材库中为自己的动画添加合适的元素。

（5）万彩动画大师免费版本中，一个场景仅支持添加六个镜头。

（6）制作动画不宜过长，若动画过长，导出视频就会较慢，且容易出现问题。

第四章　录屏软件

如果您在网络在线视频中看到了精彩的画面，非常想把它们永久地保存下来或是借鉴到您的作品中；如果想让更多的人看到您使用软件进行操作的详细过程；如果您想录制一节微课让学生在课下学习……录屏软件绝对是您的好帮手。目前，市面上的录屏软件很多，功能也越来越强大，可以满足用户的不同需求。它们可以录制电脑、手机屏幕上的操作过程，可以录制网络教学、软件操作等视频，支持直播视频、播放器播放的视频以及QQ视频、微信视频等聊天视频的录制。还支持视频编辑，为视频添加字幕、音乐、水印图片等，从而使您的视频更酷炫、更完美！

本章主要介绍EV录屏和Apowersoft录屏王两款录屏软件。

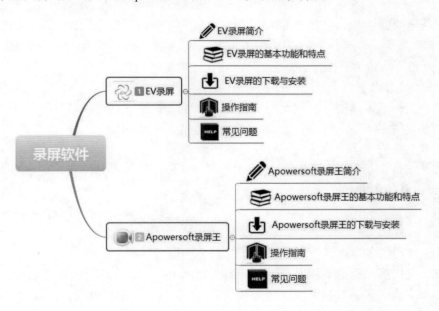

EV录屏

一、EV录屏简介

EV录屏是由湖南一唯信息科技有限公司开发的一款录屏软件。它集本地视频录制和在线视频直播推流等多项功能于一身，在视频录制中可实现视频的画面比例设置、音频的内录外录、去杂音等，并且可以形成音、影、像相结合的作品。EV录屏软件界面无广告、输出视频文件体积小、不限时、完全开放，并且完全免费。

二、EV录屏的基本功能和特点

EV录屏录制的视频可呈现多级画质，能满足所有主流视频画质要求；可以录制高清的教学视频；可录制电影的原声；可直接从声卡中取出高清音频数据，支持多级别音频采集，无外部噪声；还可同时采集麦克风音频和声卡原声。

EV录屏兼容性强，支持Windows、MacOS、Android等多种操作系统，CPU占有率低，稳定性高，可以连续超过24小时不间断录制，且录制的视频体积小，内存占用率低。EV录屏简单易学，操作直观，容易上手。

该软件具有以下特点：

（1）支持选区录制，可根据需要选择"全屏"或者"任意选区"录制。

（2）支持水印，支持"自定义文字水印"和"自定义图片水印"。

（3）支持插入多个摄像头，可满足不同录制需要。

（4）支持"录制存盘"和"直播分享"，可自行选择存储位置，可在线直播并能够在各大直播平台进行推流。

（5）支持"一键启动流媒体服务器"，内置流媒体服务器，可以在局域网内便捷地快速分享桌面，只需单击链接或是扫描二维码即可观看。

（6）支持"麦克风"音频录制，支持"声卡原声"高清录制。

（7）支持多路摄像头同时录制，自带直播助手，实时将观看者消息呈现到桌面。

（8）支持"录制预览"，在Windows 7下，支持"窗口穿透"，可通过窗口穿透预览录制，画面不受干扰。

此外，VIP会员还具有扩展功能：直播已录视频、音频降噪、音频增强、MP4格式视频修复、视频格式转换等。

三、EV录屏的下载与安装

　　EV录屏为脱机软件，可直接访问http://www.ieway.cn/evcapture.html，进入官网选择所需版本进行下载。下载时，在跳出的页面内，可更改文件名称和下载存储位置，设置完成后单击"一键安装"即可。

四、操作指南

　　下载安装后，双击进入软件首页（图4.1）。此软件无须注册即可使用，如需用到扩展功能，可注册登录后选择开通会员。

图4.1　EV录屏开始界面

　　最左侧一列菜单包括常规（显示EV录屏整个界面）、列表（储存录制好的全部视频）、会员（会员用户特享功能介绍）。

　　EV录屏界面的中间区域为录播模式选项。"本地录制"可录制当前设备相关视频和音频。"视频录制"包括全屏录制、选区录制、摄像头录制，还可以只录制声音不录画面。"音频录制"包括仅麦克风声音、仅系统声音、麦和系统声音（麦克风和系统的合成声音）、不录音频。界面中下方还有"辅助工具"，包括图片水印（添加图片作为视频的水印，目前只支持PNG、BMP两种格式）、文字水印、嵌入摄像头（嵌入摄像头到主画面中）、本地直播（局域网内，本地流媒体服务器）。界面最下方的控制条可选择开始、暂停、停止、调节麦克风等。

　　最右侧为"场景编辑"，在添加水印时可调整水印大小、位置、图层等基本设置。在嵌入摄像头或者本地直播时可以调整摄像头的大小、位置等。

下面介绍EV录屏的基本操作。

（一）本地录制

1．全屏录制

（1）进入软件首页之后，在左侧"视频"中选择"全屏录制"，即录制电脑整个屏幕的操作界面。

（2）准备好录制时，单击图4.1左下角控制条中的"开始"按钮 ⏵ ，软件就会默认最小化，电脑屏幕会出现倒计时和相关快捷键。倒计时结束，即可选择准备好的操作流程或者视频开始录制。

（3）待录制结束时，可以在任务栏里打开软件界面，单击"停止"按钮 ◼ ，或者按【Ctrl+F2】（快捷键可自行设置）停止。

（4）停止录制后，录制的视频自动保存至"列表"中，默认的视频名称是电脑屏幕右下角的系统日期和时间。此时可以为其重命名（图4.2）。

	视频名	时长	大小	日期	更多
▦ 常规					
	▸ 20180217_195252.mp4	00:00:10	1.38 M	2018/02/17 21:22	⋯
▤ 列表	▸ 20180220_103009.mp4	00:05:14	33.40 M	2018/02/20 10:37	⋯
♛ 会员	▸ 20180220_104255.mp4	00:00:00	0.03 M	2018/02/20 10:43	⋯
	▸ 20180220_104410.mp4	00:00:08	1.22 M	2018/02/20 10:44	⋯

当前位置：C:/Users/Administrator.USER-20170924LG 更改默认保存位置   ⬇ 视频加密

 时长：**00:00:08** 声音：🎙 🔊

v3.9.3

图4.2　文件的保存

（5）此外，对保存至列表中的视频，单击"更多"可以进行播放、重命名、打开文件位置上传分享、删除操作等。

2．选区录制

若要录制屏幕某一区域，则选择"选区录制"，单击后会出现一个虚线框，根据需要拖动虚线框设定范围即可（图4.3）。

图4.3 选区录制

录屏区域设定好后，单击"确定"按钮即可开始录制。其余操作流程及其保存分享步骤与上述全屏录制操作流程相似。

3. 摄像头录制

摄像头录制模式（图4.4）只单独录制摄像头所拍摄的画面，不会录制桌面。录制时将摄像头对着所需录制的画面，其操作流程与全屏录制和选区录制相似。

4. 不录视频

选用这种录制方式录制时只录声音，没有画面。一般用于录制MP3格式的音频。

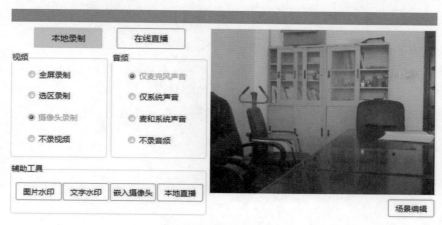

图4.4 摄像头录制

（二）在线直播

在线直播需要获得直播认证许可，通过认证获取直播地址后方能对外直播。用户如果需要了解，可自行探索。此处不再介绍。

（三）添加水印

水印指的是向多媒体数据（如图像、声音、视频信号等）中添加某些信息以使文件具有防伪、版权保护等功能。EV录屏中的水印分为图片水印和文字水印，录制过程中添加的水印会持续出现在录制过程中。

下面以本地全屏录制为例介绍水印添加流程。

1. 添加图片水印

（1）选择"辅助工具"中的"图片水印"，在跳出的界面内单击"添加"按钮（图4.5）。

图4.5　添加图片水印

（2）选择想要设置成水印的图片，插入的图片在预览区可以看到。此外，在预览区，可对图片进行位置、大小、图层设置及删除操作。选中图片，单击右键，可设置图层或将其删除；拉动图片周围边框可调整大小，拖动图片可调整位置；单击"场景编辑"也可进行位置、大小设置。

（3）设置完成即可进行录制。

2. 添加文字水印

（1）选择"辅助工具"中的"文字水印"，在弹出的界面内输入文字，如输入"EV录屏操作流程"，单击"添加"按钮，然后单击"确定"按钮（图4.6）。

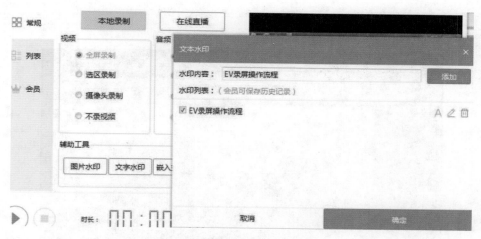

图4.6　添加文字水印

（2）插入的字体可以在预览区进行位置、大小、图层设置及删除操作。拉动字体文本框周围边框可调整大小，拖动字体文本框可调整位置。单击"场景编辑"也可进行位置大小设置。选中添加的字体，单击右键，可以对字体进行字体、颜色、图层等基本设置（图4.7）。

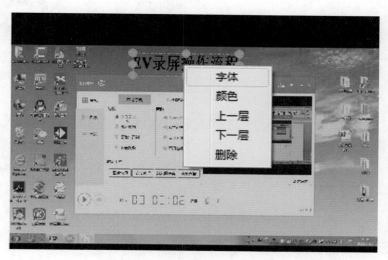

图4.7　编辑水印文字

（3）设置完成即可进行录制，其录制与保存流程与上述录制流程相似。

（四）嵌入摄像头

除单摄像头录制桌面之外，还可以选择嵌入多个摄像头。在"辅助工具"中选择"嵌入摄像头"，录制时会检测到设备有多个摄像头，用户可自行选择嵌入。嵌入后，摄像头会在预览区生成一个图层（图4.8），在"场景编辑"中可自行对嵌入的摄像头画面的宽、高进行调整。

图4.8　嵌入摄像头

五、常见问题

（1）在录制前，需确认声音来源，选择录制系统声音还是录制者本人的声音，并要插好音频设备，确认是否有声音。如若有问题，可在Windows系统录制设置中进行设置。

（2）在录制视频时，软件默认存储位置是C盘，可在右上角"设置"中改变储存路径。

（3）为避免快捷键冲突，可在右上角"设置"中重新设置快捷键。

（4）如果对录制的视频格式、分辨率有要求，可在"设置"中调整。

Apowersoft 录屏王

一、Apowersoft录屏王简介

Apowersoft录屏王（以下称录屏王）是一款同步录制屏幕画面及声音的录屏软件，由香港一家专门为用户提供智能多媒体解决方案的公司研发。它为用户提供诸如自定义区域、全屏、围绕鼠标、摄像头等录制模式，为想要录制解说、唱歌、教学视频等有着不同需求的用户提供了极大的便利。

二、Apowersoft录屏王的基本功能和特点

录屏王具有简洁易操作的界面，能够让使用者更直观地了解录屏模式。它可以将屏幕上的软件操作过程、教学课件、网络电视等录制成视频，还可连接摄像头进行录像，并保证音频和视频的完全同步。

该软件的基本特点如下。

（1）视频输出格式多样化。使用此录屏软件可以将视频以MP4、 AVI、WMV、FLV、MKV、MOV多种格式输出，可以在不同的设备上无差别地观看视频。

（2）实时编辑屏幕录像。录屏王内置两款视频编辑器，支持录屏的同时对画面添加注释，也可以录制完毕后对视频进行重新编辑。

（3）创建计划任务。该软件支持设置起止时间或定制时长，自行进行视频录制任务。

（4）录制时长不受限。可进行长时间的屏幕录制，可编辑处理大存储的视频文件。

三、Apowersoft录屏王的下载与安装

在地址栏输入https://www.apowersoft.cn/screen-recorder进入官网，在录屏王下载界面单击"免费下载"按钮，在弹出的对话框中对要下载的软件进行命名、对存储位置进行设置，即可下载并存储软件包。下载后，双击安装包，在弹出的对话框中，按照系统提示，单击"下一步"，直至最后完成软件的安装。

四、操作指南

按照上述下载地址下载并安装后，双击桌面快捷方式进入软件首页（图4.9）。

图4.9　Apowersoft 录屏王开始界面

（一）软件配置

在进行录屏之前，可以先对软件的各种参数进行设置。比如设置音频输入、录制模式或是其他的一些选项。对软件参数提前设置，能确保使用的时候得心应手。

1. 选择音频输入

在录屏之前要先选择好音频的输入方式。本软件提供四种音频输入来源："无""系统声音""麦克风"以及"系统声音和麦克风"，可从中选择适合个人需要的音频输入方式，如选择"系统声音"（图4.10）。

2. 配置通用设置

设置好音频输入源之后，可在"设置"选项中对软件录制的其他参数进行设置。单击界面上方的"设置"，在下拉菜单中单击"选项"，选项界面弹出后，可对其中"通用""录屏"的参数和选项进行设置。

（1）通用。在"通用"设置里面可以对录制视频的输出目录进行设置，可以自行设置快捷键，还可以对"开机时自动启动"等选项进行勾选（图4.11）。

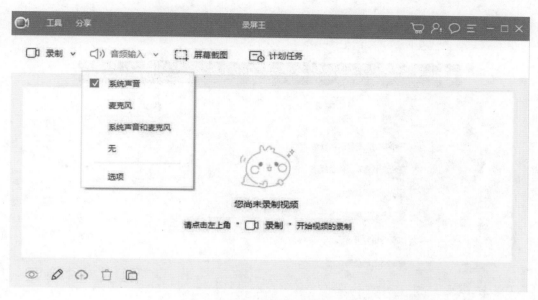

图4.10 选择音频输入

图4.11 "通用"选项卡设置

（2）录屏。为了能够更方便快捷地录屏，在"录屏"中还有一些更加详尽的设置，如"开始录制之前显示倒计时""显示录制工具栏""启动时自动录制"等，可根据需要勾选选项。另外，"高级"选项下包括"鼠标样式设置""音频输入设置"等四个设置，可单击进行设置（图4.12）。

图4.12 "录屏"选项卡设置

（3）自定义视频的输出格式。录制的视频格式默认是WMV，如果需要录制成其他格式，可在"设置"中的"选项"界面，选择"录屏"设置，然后在"视频格式"中选取需要的输出格式（图4.13）。

（4）自定义比特率、帧速率以及其他参数。录制前，进入"设置"中的"选项"界面，选择"录屏"中的"高级视频设置"，可以进一步调整比特率、帧速率、视频格式以及其他的一些参数。

（二）录屏操作

完成以上设定后，就可以开始使用录屏王录制视频了。录制步骤分为如下四步。

1. 选择录制模式

该软件既能录制屏幕上的画面，也能录制电脑中输入输出的一切声音。单击"录制"弹出下拉菜单，有全屏、自定义区域、音频、摄像头、围绕鼠标等录制方式可供选择，选择需要的一种方式开启录制。

2. 开启录屏

如果选择"自定义区域"的模式，只需要通过按住鼠标左键拖拽出一个区域，然后松开鼠标，在拖拽的过程中注意所选区域的大小比例。选中录制区域后会出现的对话框（图4.14），可在此对话框中对录制区域的宽高比再一次进行调整和选择，设置完后单击"确定"完成录制区域的选择。

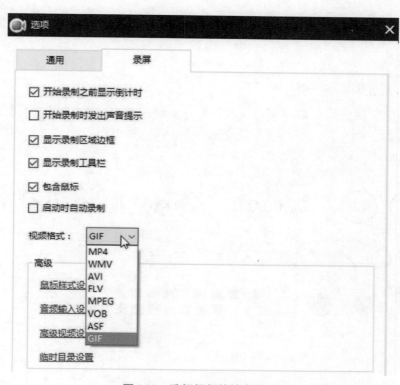

图4.13　选择视频的输出格式

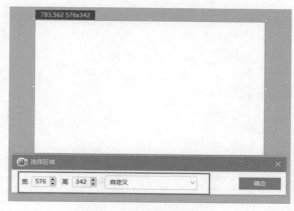

图4.14　录屏属性设置

除此之外，还可以直接选用"全屏"或"围绕鼠标"等其他录制方法。选择完成后，会跳出一个询问是否准备就绪的对话框，单击"确定"按钮即可开始录制。

如果想要通过摄像头或者网络摄像头进行录制，选择"摄像头"的模式，就能够看到来自摄像头的画面。这个时候，单击"开始"按钮就能够开启录制。

小提示

必须在打开软件之前先连接上摄像头，否则将无法正常运行该模式。

3. 录制过程中添加注释

录屏王除了能够流畅地录制视频，还能在录制的过程中添加一些编辑注释，例如可以加入直线、箭头、圆圈、矩形以及文本等。单击铅笔形状的图标，弹出一系列的编辑工具，可以进行编辑（图4.15）。

图4.15 添加注释

4. 视频录制完成

录制完毕，单击红色的"停止"按钮，录制结束。稍等片刻，待程序处理完视频后，就能够在文件列表中看到这个视频文件。单击鼠标右键，可对视频进行操作：播放、重命名、移除、删除或者是上传等（图4.16）。

（三）手动设置录制时间

除了手动录屏以外，这款软件还提供了"计划任务"功能。即使不在电脑旁，也可以通过设置，自行启动录制。具体步骤如下。

（1）在"设置"中选择"计划任务"命令。

（2）在弹出的工具框中，设定任务名称、开始时间、时长以及停止时间，设定完成后单击"创建"，"计划任务"便创建成功。

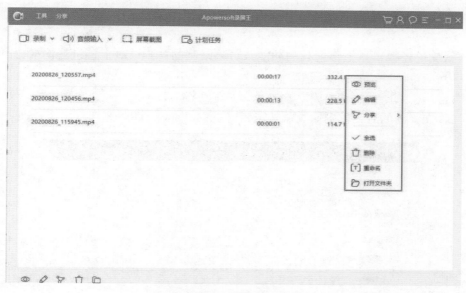

图4.16　录制完成的视频列表

（3）创建成功后，在工具框的下方，会看到创建成功的"计划任务"列表，确认无误后，单击"确定"按钮，等到了设定的时间软件就会自动开启录制（图4.17）。

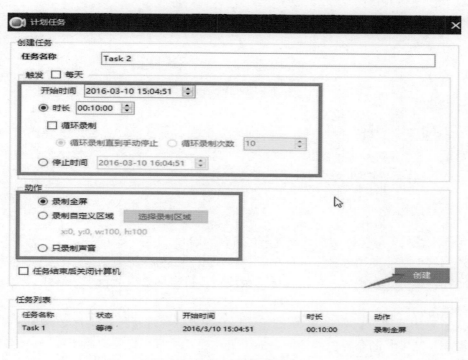

图4.17　设置"计划任务"

（四）上传视频

这款软件还提供了上传视频的功能，可将录制的视频通过上传进行网络分享，默认为上传到YouTube。具体步骤如下。

（1）单击页面中的"上传"，选择"上传到YouTube"。

（2）在弹出的对话框中输入账号密码登录YouTube（图4.18）。

图4.18　视频上传

（3）登录完成后，回到视频文件列表，单击右键选择"上传"，在弹出的视频信息对话框中填写标题、描述以及标签等内容，单击"确定"视频便会自动上传到YouTube。在状态一栏中，可以观察到上传的进度。

（五）截图

录屏王还具备截图的功能，截取图片可存为PNG、JPG、BMP、GIF、PDF以及TIFF等格式。这个功能使用起来十分简单，具体使用方法与录屏时选择"自定义区域"的方法一样，只需要在主界面单击"屏幕截图"，待鼠标变成蓝色十字准线，按住鼠标左键拖拽出一个区域然后松开鼠标即可，十分简便（图4.19）。

截图完毕后还可以通过一些快速编辑按钮对图片进行编辑，比如添加直线、圆圈、箭头、文本、高亮等使得画面更加丰富。完成所有操作后，截图可以上传到免费的云空间showmore.com，或分享到社交网络，或直接存储到硬盘。

图4.19　截图功能

（六）编辑视频

视频录制完成后，可为录制的视频添加音频、字幕。在视频文件列表里，选择要编辑的视频文件，右键单击选择"编辑"命令，会自动下载一个录屏王的插件，页面如下（图4.20）。

图4.20　视频编辑界面

在此插件中可为视频文件添加音频或字幕，也可对视频文件的输出格式和输出目录进行设置。设置完毕后，单击"转换"即可完成视频的输出。

（七）查看视频

视频录制完成后，可单击右下角的"打开文件夹"查看所录制的视频。

五、常见问题

（1）录制过程中，有时会出现影音不同步的问题，可以试试这两种方法来改善：①录制时，声音出来之后再开启屏幕录制；②开启兼容模式并选择性能优先录制。

（2）编辑完视频导出时，在导出界面单击输出设置旁边的"齿轮"按钮，将质量和分辨率调至最高，保存后导出即可，这样可以保证视频的分辨率。

（3）如果需要长时间地使用录屏并且去掉水印，则需要注册用户并付费使用。

第五章 视频剪辑

　　随着摄影技术的进一步完善，视频作品的内容越来越丰富，画面的表现力也越来越强。但有时候仅依靠画面不能完整地表达制作者的意图，而传统的剪辑技术又无法满足大众化的编辑需求，为此新兴的视频编辑软件便应运而生。一般而言，视频编辑软件包括专业和非专业两种。专业视频剪辑软件广泛应用于影视编辑行业。我们经常看到的所谓"好莱坞"大片特效，一般都是通过专业化极强的后期制作软件来完成的。但这种软件专业化程度高，使用起来比较复杂，一般人不容易掌握。为了满足非专业人士视频编辑的需求，现在软件市场上出现了越来越多的大众化编辑软件，在网上可以搜索出几十种。这些软件大都上手快、操作简单，而且各具优势，能满足个人、家庭类视频及教师微课制作的编辑需求，颇受大众青睐。

　　本章从众多编辑软件中选出两款颇具代表性的软件为大家作详细介绍。它们分别是编辑星和爱剪辑。

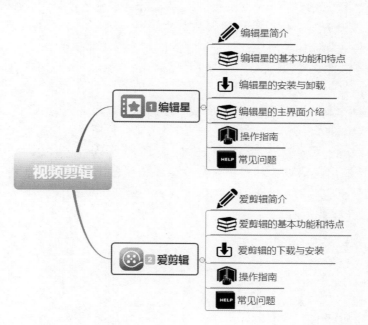

编　辑　星

一、编辑星简介

编辑星是北京友维科软件科技有限公司开发的适合大众使用的视频编辑软件，包含编辑星电脑客户端和编辑星移动客户端。

编辑星不仅操作便捷，而且功能齐全。它集捕获屏幕、录音录像、视频片段截取、视频剪辑等多种功能于一身，提供了多种转场效果、影像效果，支持专业的文字编辑功能、片头片尾制作功能以及简洁的背景音乐和声音录制功能，还可以在视频中叠加各种素材效果，如相框、动画、图画等，是非专业人员制作视频时比较常用的编辑软件。

二、编辑星的基本功能和特点

编辑星的基本功能和特点可概括为以下几点。

（1）轻松剪辑视频、音频文件。可导入超大容量视频，自带解码转码器，不需另外安装。素材左右旋转90°、保持原比例显示。

（2）自带各种效果素材。编辑星的效果素材包含转场效果、影像效果、文字效果、背景音乐及录音等，可以自由插入和重叠使用。除此之外，还自带简易的片头片尾模板，这些特效和模板的使用都是一键式的应用，操作简单。

（3）支持实时录音和局部消音。支持实时录音、保存并可对保存的音频进行编辑，支持局部消音。

（4）轻松下载和导入编辑星网上商城的各种素材。

（5）文字编辑。具有专业时尚的文字编辑功能，包括片头片尾、字幕、标题。

（6）水印功能。具有插入形象水印功能，可随意插入自己的专属标志（Logo）。

（7）支持输出高清视频和多平台分享。编辑星输出的视频可上传到各大视频网站，实现视频分享。

三、编辑星的安装与卸载

（一）软件的安装

编辑星目前已更新至V3 5.1.0版本，兼容性良好，支持Windows 7、Windows 8、

Windows Vista、Windows XP等操作系统。打开浏览器，在地址栏输入http://www. bianjixing.com/，进入编辑星官网首页（图5.1），单击"立即下载"即可。下载完成后，根据软件安装向导提示进行安装。

图5.1　编辑星下载界面

（二）软件的卸载

由于该软件含有套件，若想彻底将其卸载干净，推荐通过"控制面板"来完成。以Windows 7操作系统为例，具体步骤如下。

（1）右键单击Windows桌面空白处，单击"个性化"，然后进入控制面板主页。

（2）在控制面板主页中单击"程序和功能"选项，找到编辑星应用程序，右键单击选择"卸载/更改"。

（3）按照卸载指示从电脑中将编辑星移除。

四、编辑星的主界面介绍

双击桌面快捷方式图标 ![icon] 启动应用程序。首次启动时，编辑星会播放案例视频，将案例视频关闭后，进入编辑星操作界面（图5.2）。编辑星界面简洁，符合大众的使用习惯，其工作区主要由资源栏、视频预览窗口、效果收集栏、轨道栏等部分构成。

图5.2　编辑星操作界面

（一）菜单栏

菜单栏包括读取、保存、环境设定等功能键。

■ 读取。读取多媒体文件视频、图片、音乐。

■ 保存。保存编辑的文件(保存时可选择格式及规格)。编辑星支持工程文件、视频文件、平台上传三种格式文件的导出。工程文件也称为视频编辑的源文件，可以对尚未编辑好的视频继续编辑，支持的视频文件格式有MP4、FLV、AVI、WMV等多种格式。

■ 环境设定。环境设定中的"设定"可实现视频中相关时间的预设，如图片播放时间、字幕效果播放时间、影像效果播放时间、消除声音时间等；还可以设计自己的专属Logo、更改项目保存、视频保存、截屏文件保存的路径等。

（二）资源栏菜单

"资源栏"菜单是编辑星操作界面的核心组成部分。对视频进行美化、编辑所需用到的工具都在此菜单栏里。它主要包含编辑文件、转场效果、影像效果、文字编辑、片头/片尾五大部分。

■ 编辑文件。打开视频、照片、音乐，实现对文件的编辑。

■ 转场效果。提供多种转场效果。编辑星目前提供了40多种转场效果、100多种影像效果以及文字效果库、片头/片尾效果库。如需更多素材，可访问编辑星官网。

■ 影像效果。提供了特效（FX）、滤镜、边框、动画等上百种影像效果。

■ 文字编辑。提供了"基本字幕"和"标题"两种文字编辑形式，每种形式都带有多种效果类型。两者主要在效果类型上有所差异，"基本字幕"一般用来做解说字幕；"标题"可用来做特效文字标注，可根据需要选择恰当的表现形式。

■ 片头/片尾。为视频添加片头、片尾效果，编辑星提供了4种片头字幕进入方式和四种片尾字幕退出方式。

（三）预览窗口

在剪辑视频时，可通过"预览窗口"直接查看视频效果，视频的截取、剪切也需要在"预览窗口"工作区内进行。

（四）轨道栏

轨道栏用来显示项目中使用的各种素材及效果在视频中的位置，并按照编辑文件、转场效果、影像效果、文字编辑、背景音乐分成不同的轨道。

（1）时间轴。标注视频、图片、转场效果、FX效果、音频、文字等在时间线上的位置。

（2）编辑文件轨。显示视频、图片素材。

（3）消除声音轨。可以消除某一段视频的声音。

（4）转场效果轨。显示添加的转场效果。

（5）影像效果轨。显示所添加的FX、滤镜、边框、动画效果。

（6）文字轨。显示基本字幕、标题、标签、话框等文字效果。

（7）音乐轨。显示背景音乐素材。

（8）效果应用和取消。单击 🖐 按钮变成 🔒 按钮时，所添加的效果虽然在轨道栏上继续显示，但不会被应用。

（五）效果收集栏

用户可以把经常使用的转场效果、影像效果、文字效果、片头/片尾效果通过鼠标拖拽的方式放入效果收集栏，让视频制作更加便捷。

（六）其他功能

编辑星除了以上主要功能外，还内嵌录音、屏幕捕获、截屏、涂鸦等多个实用小功能，以便为用户提供更加完善的服务。

🎤 录音。可为视频实时添加画外音。

🖥 屏幕捕获。可以将屏幕上的操作过程录制成视频文件。

✂ 截屏。可以将预览窗口中的图像截取为图片的形式。

🖌 涂鸦。用户可以为视频画面添加个性化的涂鸦效果。

五、操作指南

（一）设定环境

在开始编辑视频之前，编辑星应用程序处于默认设置状态。为了方便操作，建议制作者先对默认设置进行更改，比如项目保存路径、视频保存路径、视频比例、视频Logo等。这里将视频的保存路径更改为D盘。具体操作如下。

1. 播放时间设定

单击"环境设定"菜单，弹出"环境设定"属性对话框。此对话框包含"设定""Logo"和"路径"三个属性列表，单击"设定"，将"图片播放时间"设为10秒、"转场效果播放时间"设为5秒、"视频比例"设为16：9（图5.3）。

2. 更改路径

"路径"是指文件保存的目录，主要包含项目、视频和截屏三种文件。单击"路径"，将项目和视频保存路径都更改为D盘（图5.4）。

设置成功后，系统会将导出的视频文件和视频源文件保存在D盘，以便查找。

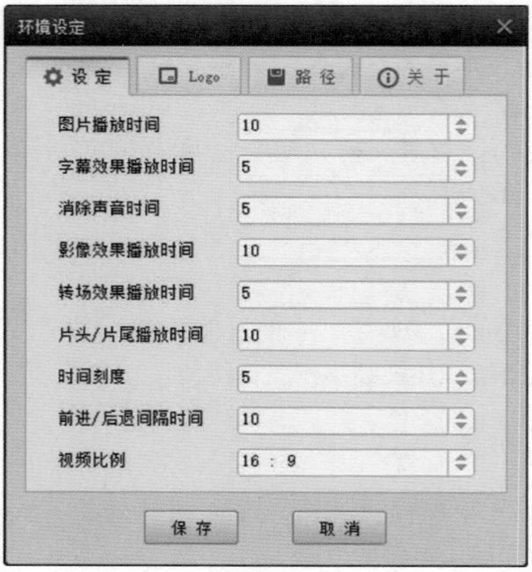

图5.3　播放时间设定

图5.4　更改文件保存路径

（二）添加素材

素材是组成视频的主体。编辑星支持视频、图片、背景音乐等多媒体素材的添加。

1. 导入视频、图片、背景音乐等素材

单击资源栏下的"编辑文件"，在右侧列表中会看到有三种类型的资源列表：视频、图片和背景音乐。双击黑色方块区域，弹出资源选择窗口，将对应的素材（以插

入视频为例）添加到对应的列表即可（图5.5）。

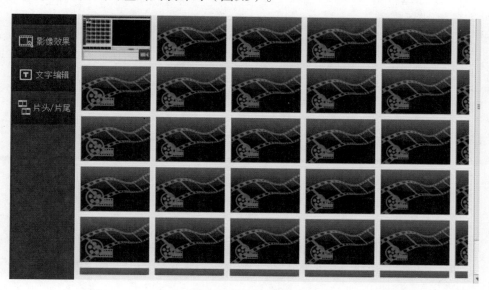

图5.5　导入素材后的效果图

将图片和背景音乐导入资源列表中的方法与导入视频相同。右键单击资源列表中的某一素材，可进行删除、旋转、保持原比例等基本操作。

2. 预览素材

在资源列表中双击导入的视频素材，可在右侧的预览窗口中观看素材的播放效果。

（三）编辑素材

编辑视频素材是视频剪辑的重头工作。视频的后期编辑是影响视频质量的一项很重要的程序。一般，对视频进行编辑有剪切、添加字幕、添加背景音乐、添加片头/片尾、增加转场效果等基础操作。

1. 截取视频

对于导入的视频，要确保其片段的有用性，无效的画面要进行剪切，以免影响视频的表现效果。

（1）确定截取的视频片段。在"预览窗口"中播放视频，通过单击"开始点"和"结束点"来确定截取视频的始末位置。本例需将片头剪切掉，保留剩余视频，所以应将开始点设置在片头结尾处，将结束点设置在视频结尾处。

（2）截取视频片段。设置好截取始末点后，单击"截取"按钮被截取的视频片段将被自动添加到资源列表中。

（3）预览截取的视频。双击截取的视频，可进行预览也可进行再次精确截取。

（4）将视频拖入轨道栏。视频编辑的大部分工作需要在轨道栏中进行。在视频资源列表中按住左键不放拖动选中视频至轨道栏即可，轨道栏上的视频在选中状态下为红色矩形条（图5.6）。

图5.6　截取视频

2. 去水印

视频中，往往会带一些Logo或图标。这些水印可能会分散视频观看者的注意力，所以在剪辑视频时需要将不必要的水印去除掉。编辑星中的去水印功能比较简单，具体过程如下。

（1）定位水印位置。在轨道栏中拖动"时间轴线"，定位到视频中有Logo的画面。

（2）打开去水印开关。单击"预览窗口"中的"去水印"按钮，使其处于激活状态（图5.7）。

图5.7　去水印

（3）去水印。在"预览窗口"中，鼠标左键单击视频画面中水印所在位置，即可去除水印，若多处需要去除，重复此步骤即可。

3. 添加边框

边框对视频起到修饰、美化作用。当视频元素比较单调时，可考虑添加边框，丰富画面元素。编辑星提供了胶卷、爱心格子、黑框、白框等12种边框效果。这里选择"蓝色蝴蝶结卡片"，具体操作过程如下。

（1）定位加入边框的视频片段。对于同一个视频，不宜采用多种边框，本案例只采用一种边框效果。将轨道栏的"时间线"定位在视频开始处。

（2）选择FX效果。单击资源栏下的"影像效果"按钮，在右侧列表中选择合适的FX效果拖放到轨道栏里。

（3）设置边框效果。双击影像效果轨道中的矩形长条，弹出"影像效果属性"对话框，将"视频效果分类"选为"边框效果"，将"影像效果类型"设置为"蓝色蝴蝶结卡片"。

（4）调整边框显示时间。调整边框显示时间有两种方式：①参数设置。在"影像效果属性"对话框中设置"应用全部时间"；②影像效果轨道栏调整。将鼠标放在轨道栏边框效果矩形条两侧，当鼠标变成"←→"形状时，按住鼠标左键拖拉矩形条即可改变其长度控制边框显示时间。这里，选择第一种方式将边框显示时间参数调至视频结束处（图5.8）。

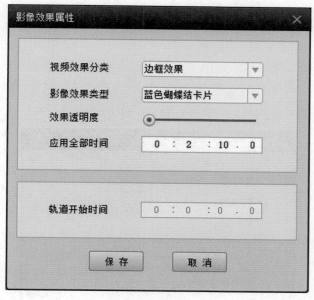

图5.8　添加边框

小提示

由于编辑星版本的升级，对"影像效果"中的FX效果、边框效果、滤镜效果、动画效果进行了模块的整合，需在添加FX效果的基础上再更改边框效果。

4. 添加字幕

字幕对画面起到补充说明作用，还能弥补同期声的缺陷。在添加字幕时要注意与画面解说同步。编辑星提供了两种字幕形式，以"基本字幕"为例，具体操作过程如下。

（1）定位解说画面。在轨道栏中拖动"时间轴线"，将时间线定位到解说的画面。

（2）添加字幕文本。单击资源栏下的"文字编辑"，在右侧的文本编辑窗口中输入解说词，单击"确定"，此画面的字幕就添加到字幕轨道栏了（图5.9）。

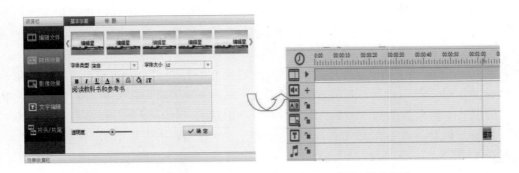

图5.9　添加字幕

（3）更改字幕属性。默认情况下，字幕处于画面中间位置。在轨道栏双击或右键单击字幕矩形条，将字幕的效果类型设为基本，字体类型设为宋体，字体大小设为8号，字幕背景设为灰色，最后将字幕调至画面合适位置（图5.10）。

图5.10　更改字幕属性

（4）预览字幕效果、调节字幕显示时间。基本属性设置完成后，按照边框显示时间调整的步骤，适当调整字幕显示时间，单击"保存"按钮。

（5）添加所有字幕。重复上述步骤为视频添加其他解说词，确保画面与字幕的协调同步。

5. 添加片尾

一般在片尾处要提示观看者视频即将结束，并呈现制作者信息或者鸣谢。编辑星提供的4种片尾样式都比较简单。这里以滚动字幕为例介绍其操作过程。

（1）定位到视频结尾处。拖动"时间轴线"至视频结尾处。

（2）输入片尾显示字幕。单击资源栏下的"片头/片尾"，在片尾效果图中选择字幕为"从下往上类型"，在文本框中输入文本"感谢观看！"，另起一行继续输入文本"作者：×××"，调整字体（图5.11）。

（3）调整片尾显示时间、预览效果。设置好片尾字幕后，将所选的片尾效果用鼠标左键拖至视频轨道栏的结尾处。片尾显示时间调整方法同边框显示时间类似，双击片尾效果红色矩形条，调整片尾应用时间（显示时间），单击"保存"按钮即可。

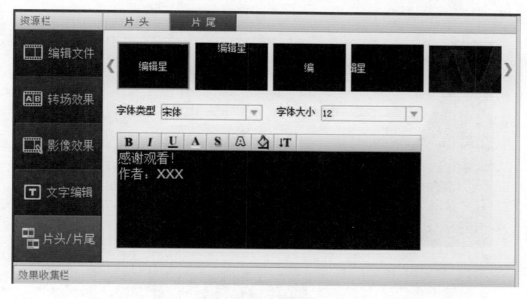

图5.11　添加片尾字幕

6. 添加转场效果

转场效果是指两个场景之间，采用一定的技巧实现场景或情节之间的平滑过渡，或达到丰富画面吸引观众的效果。常用的转场效果包括划像、叠变、卷页等。这里为了让内容视频与片尾视频处过渡自然，我们为其添加"翻页"效果，具体操作过程如下。

（1）定位到视频结尾处。拖动"时间轴线"至视频结尾处。

（2）选择转场效果。单击资源栏里的"转场效果"，在右侧效果列表中找到"翻页"效果并拖至轨道栏中（图5.12）。

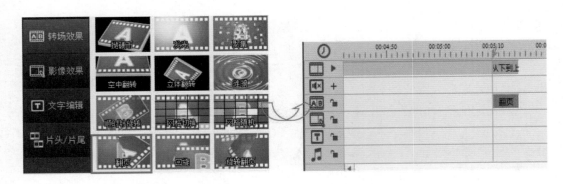

图5.12　添加转场效果

（3）预览转场效果。同调整边框、片尾显示时间方法类似，将转场显示时间调整后，即可预览转场效果（图5.13）。

图5.13　转场效果预览

小提示

　　编辑星在添加影像、转场效果时，一次只能添加一种效果。如需多重效果叠加，重复添加其步骤可实现。

7. 添加背景音乐

为增加视频的渲染力，可根据内容选择合适的背景音乐，具体操作过程如下。

（1）插入选择背景音乐。单击资源栏下的"编辑文件"按钮，选择"背景音乐"列表下的音乐素材，将其拖至轨道栏中并调整其长度（图5.14）。

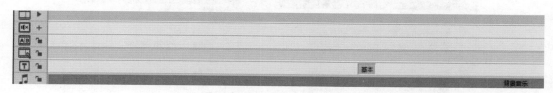

图5.14 选择背景音乐

（2）设置音乐淡入、淡出效果。双击背景音乐矩形条，弹出"背景音乐属性"对话框，设置音乐的开始和结束时间点，选中"逐渐增大"和"逐渐减小"单选框，最后单击"保存"即可实现音频的淡入、淡出效果（图5.15）。

图5.15 设置音乐淡入、淡出效果

（四）保存项目

视频编辑完成后，进行最后一步"保存"的操作时，既要将视频输出又要保存视频的源文件以便二次编辑。这里将视频输出为MP4格式，并保存视频源文件。具体操作过程如下。

1. 输出视频

单击菜单栏中的"保存"按钮，弹出"保存视频文件"属性对话框，选择"视频保存为"选项，将视频保存为MP4格式（图5.16）。

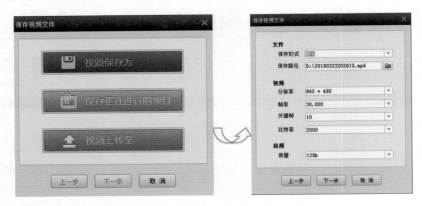

图5.16　保存文件

2. 保存视频源文件

单击"保存"按钮后，选择"保存正在进行的项目"选项，保存的项目即为视频的源文件，项目保存的格式默认为QES格式。

（五）编辑星中的实用小工具

以上就是编辑星视频处理的基本操作。除基本功能外，编辑星还有多种实用小功能。这些小功能简单易操作，能够提升制作者的工作效率。

1. 声音录制

编辑星提供了录音功能。单击"录音"按钮，打开录音窗口，使用外置麦克风录制系统外的声音，可以对照上面的视频同步录音。录制的声音将自动保存在背景音乐资源列表中（图5.17）。

单击"设置"按钮弹出"录音选项"对话框，可对时间限制等进行修改，并且可选择"录音开始时逐渐增大"或者"录音结束时逐渐减小"来设置录音的淡入、淡出效果（图5.18）。

2. 屏幕捕获

当想要的视频或图片素材无法下载时或者想录制屏幕上的操作过程时，可用屏幕捕获工具对素材进行录制或截屏。单击"屏幕捕获"，弹出"屏幕捕获"窗口（图5.19），设定捕获区域，单击"启动捕获"，开始录制，这样就可以把想要的视频片段或者屏幕上的操作过程录制成视频文件。

图5.17　声音录制

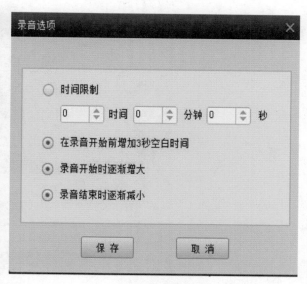

图5.18　录音选项

图5.19　屏幕捕获

录制完成后，单击"停止"按钮或按下【Ctrl+10】组合键结束录制，自动弹出预览窗口，可以选择"保存视频"或"删除视频"（图5.20）。

3. 涂鸦

单击"涂鸦"按钮，可以对视频随心所欲地进行涂画，其中包括画笔、喷图、荧光笔三种涂鸦效果。用户可以根据自己的想法画出想要的图案。如果感觉效果不好，还可以用"橡皮擦"擦除（图5.21）。

编辑星功能齐全，还有很多功能有待大家进一步挖掘。如若想制作出更加专业的视频，也可将编辑星与其他软件结合使用，达到更好的效果！

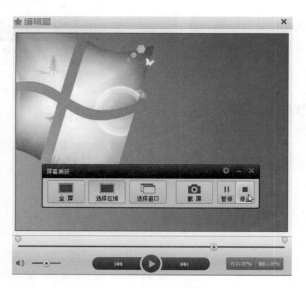

图5.20　保存或删除视频

图5.21　涂鸦功能

六、常见问题

（1）编辑星支持读取的文件格式有WMV、MP4、MP3、RM、FLV、MOV、MPG、AVI、RMVB等，几乎囊括所有的主流视频与音频格式。编辑星支持保存的格式有WMV、MP4、AVI、MOV、RMVB。如果对文件格式没有特殊要求，建议保存成WMV格式、分辨率选择640×480。当然，如果要保存成高清的视频文件，分辨率可选择1280×720或1920×1080。

（2）视频素材中的音乐或配音可以消音。将视频素材拖入轨道中后，右键单击视频素材，将音量属性调至最低可实现静音效果。

（3）不同格式的视频文件可以直接合并，只需将它们拖动到轨道中，保存即可。

（4）预览视频时，可通过上、下方向键调整视频播放的帧率即速度。下方向键表示降低播放速度，上方向键表示增加播放速度。

（5）为方便操作，在此为大家汇总了各种操作的快捷键（表5.1）。

表5.1　操作快捷键

功　能	快捷键	功　能	快捷键
帮助	F1	删除	Delete
读取	F2	放大时间线刻度间隔	Page Down
保存	F3	缩小时间线刻度间隔	Page Up
环境设置	F4	静音/恢复	M
播放/暂停	Space	打开项目	Ctrl + O
停止	Ctrl + Down	保存项目	Ctrl + S
后退	Ctrl + Left	退出	Alt + F4
前进	Ctrl + Right		

爱 剪 辑

一、爱剪辑简介

爱剪辑是一款免费的视频剪辑软件。它支持多种视频与音频格式，提供多种风格的字幕特效和转场特效，还有音乐电视（MTV）字幕功能和专业的加相框、加贴图、去水印功能。它让剪辑变得简单，使使用者不需要具备视频剪辑专业基础，不需要理解"时间线""非编"等各种专业术语，就可以对视频进行剪辑。

二、爱剪辑的基本功能和特点

爱剪辑是一款强大、易用的视频剪辑软件。

爱剪辑的基本功能和特点可概括如下。

（1）工作界面简洁。布局合理，操作简单，容易上手。

（2）功能齐全。兼容性强，支持多种视频、音频格式的导入，提供多种风格的字幕特效和转场特效。

（3）运行速度快，性能稳定。对各种中央处理器（CPU）、显卡、内存甚至操作系统都适用，普通配置的电脑即可享受顺畅的剪辑运行体验。运行稳定，使用者可以专注于制作，免受因运行不畅而带来的诸多干扰。

（4）多种特制效果。上百种专业风格效果以及画面修复与调整方案，满足了个性化创作的需要。

（5）卡拉OK字幕特效。简单几个步骤即可制作一个精美的卡拉OK视频。爱剪辑拥有16种超酷的文字跟唱特效，使用者可以根据需要自行选择。

（6）画质清晰、画面稳定，具有很好的观赏效果。

三、爱剪辑的下载与安装

打开浏览器，在地址栏中输入http://www.ijianji.com/index.htm，可进入爱剪辑官网。单击"立即下载"按钮，即可跳转到下载页面。在下载页面单击"立即下载"按钮会弹出一个"新建下载任务"对话框。在对话框中，可对下载的安装包进行命名和选择存储位置。设置完毕后，单击"下载"按钮即可进行下载。

下载完毕后，双击安装包，按照系统提示，单击下一步进行安装即可。

四、操作指南

安装完成后，双击桌面快捷方式打开程序进入爱剪辑首页。打开首页后，会弹出对话框（图5.22），可以为即将进行编辑的作品输入片名、制作者和设置视频大小等。

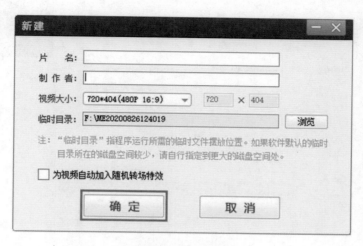

图5.22　爱剪辑开始界面

设置完成后单击"确定"，进入爱剪辑工作界面，就可以开始编辑视频了（图5.23）

图5.23　爱剪辑工作界面

（一）导入视频

导入视频是视频剪辑的第一步，在爱剪辑中有多种导入视频的方式。

（1）单击左侧"添加视频"按钮，在弹出的文件选择框中添加要导入的视频，单击"打开"即可（图5.24）。

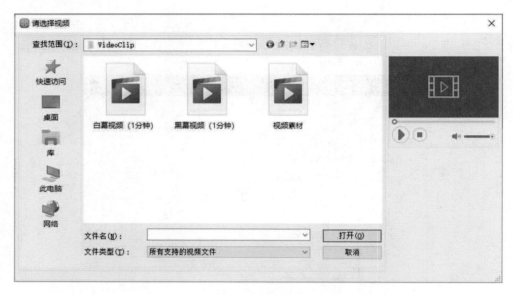

图5.24　导入视频

（2）双击视频片段放置区的文字提示处，在弹出的文件选择框中找到要导入的视频，单击"打开"也可导入视频（图5.25）。

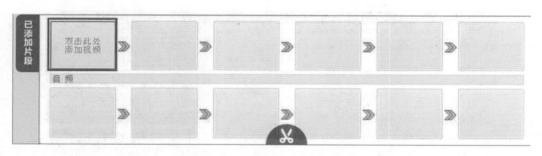

图5.25　双击标注区域导入视频

（3）直接找到所需导入的视频进行拖拽同样也可以完成视频导入。导入视频后会弹出"预览/截取"对话框，可根据需要对视频进行片段截取。如果不需要截取视频片段，就可直接单击"确定"，将整段视频导入爱剪辑。

（二）剪辑视频

视频导入完成后便可开始对视频进行剪辑。

1. 快速截取、删除视频片段

（1）通过"超级剪刀手"功能可以将视频一键分段。在软件主界面右上角的预览框中，将时间进度条定位到需要分段的时间点，然后单击主界面底部的"剪刀"按钮 ✂，即可将视频快速分段（图5.26）。

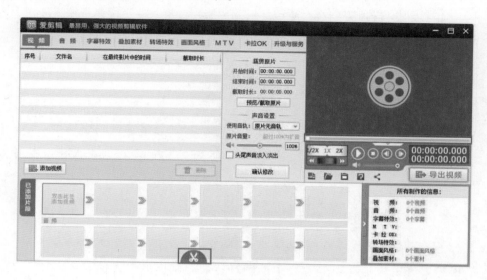

图5.26 快速分段

（2）双击导入的视频，会进入"预览/截取"对话框。在此对话框中的"截取"标签下，可以在"开始时间"和"结束时间"处手动输入时间点，或通过 ⊙ 按钮设置截取视频片段。选取完成后，可以单击"播放截取的片段"进行截取片段的播放预览，检查选取的位置是否合适，如确定无误，单击"确定"即可（图5.27）。

图5.27 预览或截取视频片段

（3）删除视频片段。在视频片段放置区选中所要删除的视频片段，单击右上角的  按钮即可删除该视频。

2. 视频声音编辑

将视频导入爱剪辑后，在视频列表选中要设置声音的视频片段，在视频列表和视频预览框中间的"声音设置"栏对"使用音轨""原片音量""头尾声音淡入淡出"等进行设置，然后单击"确认修改"即可完成对视频中声音的编辑（图5.28）。

图5.28　视频声音编辑

3. 快速查看效果信息

如果想要查看添加在视频片段中的转场特效、画面风格等信息，在"已添加片段"列表中，选中视频片段，在右下方"所有制作的信息"栏中可看到为该视频片段添加的效果信息。将鼠标移至相应选项，并单击"详细"，爱剪辑会自动定位到相应信息处，便于快速查看（图5.29）。

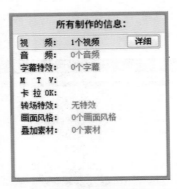

图5.29　查看效果信息

（三）添加音频

添加视频后，在"音频"标签下单击"添加音频"按钮。在弹出的下拉菜单中，根据自己的需要选择"添加音效"或"添加背景音乐"，即可快速为要剪辑的视频配上背景音乐或相得益彰的音效。直接找到所需音频文件将其拖拽至素材列表区亦可（图5.30）。

图5.30 添加音频

（四）字幕特效

剪辑视频时，有时需要为视频添加字幕，使视频的情感表达或叙事更直接。爱剪辑为使用者提供了常见的字幕特效以及"沙砾飞舞""火焰喷射"等大量独具特色的好莱坞高级特效。使用者还可以通过"特效参数"栏进行个性化设置，实现更多特色字幕特效。

下面演示字幕特效的添加流程。

（1）根据上述步骤，导入需要添加字幕的视频，在"已添加片段"列表中，选中此视频。

（2）在本页面的右侧预览窗口中选择要添加字幕的合适时间。

（3）单击页面上"字幕特效"，打开"字幕特效"面板，左侧区域会出现"出现特效""停留特效""消失特效"三种字幕特效类型。根据需要选择合适的字幕特效，单击字幕特效名称可在右侧预览窗口进行字幕特效效果的预览。在面板右侧区域可对字幕的字体、特效参数进行设置（图5.31）。

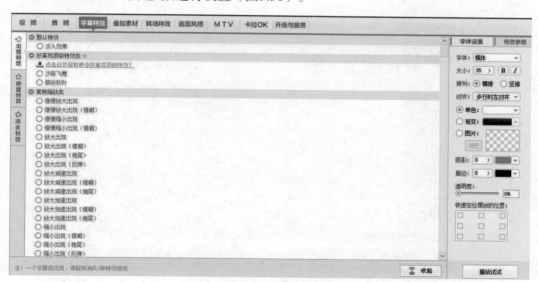

图5.31 字幕特效设置

（4）单击右侧预览窗口，在弹出的对话框中输入文字，如有需要，还可以为字幕添加所需的音效，输入完成后，单击"确定"即可（图5.32）。

（5）单击"确定"后，右侧预览窗口就会出现所添加的字幕，可根据需要对字幕进行移动、缩放等操作，将其调整至合适的大小、位置（图5.33）。

（6）在左侧"字幕特效"列表中，勾选所需的字幕特效，并对字幕的字体、特效参数进行设置。在本例中，字幕特效选择"缓慢放大出现"，字幕字体等参数选择默认设置。

通过以上步骤，字幕以及字幕的特效添加操作完毕。

按照上述步骤，对本次视频的所有字幕以及特效进行添加即可。

图5.32　编辑字幕

图5.33　调整字幕效果

（五）叠加素材

爱剪辑的"叠加素材"功能分为三栏：加贴图、加相框、去水印。贴图即经常在视频中看到的滴汗、乌鸦飞过、省略号、大哭、头顶黑气等有趣的元素；加相框可对视频起到修饰的作用；去水印可以使剪辑的视频主题更突出，不受其他信息干扰，更具美感。

（1）在"已添加片段"列表中，选中要添加叠加素材的视频。本次操作依然以上述添加字幕的视频为例。

（2）单击页面中的"叠加素材"面板，会出现加贴图、加相框、去水印三种叠加素材。①在"加贴图"标签下，可以单击左下角的"添加贴图"，在弹出的对话框中选择合适的素材进行添加，并可在此标签下为添加的素材选择"向左移动""向右移动"等效果；②在"加相框"标签下，可以为视频选择合适的相框进行添加。单击选中要选择的相框后，单击左下角的"添加相框效果"，为添加的相框选择要添加的时间段，最后单击"确认修改"即可；③在"去水印"标签下，单击"添加去水印区域"选择需要去掉水印的区域，在"水印设置"面板中对水印的时间以及去除方式进行设置，单击"确认修改"即可。

本例中，使用叠加素材中的"加相框"功能，为本视频添加相框，单击左下方的"添加相框效果"，选择"为当前片段添加相框"，单击"确认修改"按钮即可添加成功（图5.34）。

图5.34　字幕最终效果

（六）转场特效

恰到好处的转场特效能够使不同场景之间的视频片段过渡自然，并能实现一些特殊的视觉效果。

在"已添加片段"列表中，选中要添加转场特效的两个视频中的后一个视频片段，单击页面上的"转场特效"，在弹出的"转场特效"面板中，选择合适的转场特效，单击"应用/修改"按钮即可添加成功。

（七）画面风格

画面风格包括画面、美化、滤镜、动景四个模块。通过应用画面风格，能够使制作的视频更具美感、更显个性以及更具独特的视觉效果。

在"已添加片段"列表中，选中要设置画面风格的视频，然后选择页面上的"画面风格"。在"画面风格"面板的列表中，选中需要应用的画面风格，单击画面风格列表左下方"添加风格效果"，在弹出的下拉框中根据需要选择"为当前片段添加风格"或"指定时间段添加风格"。最后单击"确认修改"即可完成画面风格选择。如果对效果不满意，还可以对当前风格进行删除。

（八）添加MTV或卡拉OK字幕效果

爱剪辑还有一个强大的功能，就是为卡拉OK和MTV视频添加字幕效果。 为MTV添加字幕效果的步骤如下。

（1）在"已添加片段"列表中，选中要添加字幕效果的MTV视频。

（2）单击页面上的"MTV"按钮，在出现的"MTV"界面中单击"导入LRC歌词"按钮，在弹出的下拉框中，选择"导入LRC歌词文件"选项，将下载好的LRC歌词进行导入即可。

（3）在"MTV"面板右侧可以对MTV的字体颜色、大小以及对齐方式等进行设置，对特效参数进行设置。设置完毕后，单击右下的"确认修改"，MTV歌词即设置完成。

本例中，单击"导入LRC歌词"按钮，选择"导入LRC歌词文件"选项将下载的《易燃易爆炸》的LRC格式歌词进行导入，最后单击"确认修改"按钮，具有MTV效果的歌词就添加完毕。

> **小提示**
>
> LRC歌词是一种通过编辑器把歌词按歌曲中出现的时间编辑成一个文件，在播放歌曲时同步依次显示出来的一种歌词文件。

为卡拉OK添加字幕效果的步骤与MTV的步骤相同。若有需要，根据上述步骤进行添加即可。

（九）保存设置

在剪辑视频过程中，可能需要中途停止下次再进行视频剪辑，或以后对视频剪辑设置进行修改，因此会需要保存设置以及工程文件。

　　单击视频预览框左下角"保存所有设置"，选择合适的位置将所有设置保存为MEP格式工程文件，下次可以通过单击"打开已有制作"加载保存好的MEP文件，在原视频的基础上继续编辑视频（图5.35）。

图5.35　文件的保存

（十）导出视频

　　视频剪辑完毕，单击视频预览框右下角的"导出视频"，弹出"导出设置"的对话框。在"导出设置"的对话框中输入片名、制作者等信息，也可以选择片头特效和导出格式，并对导出视频尺寸、视频比特率等参数进行设置。选择好导出路径，单击"导出"按钮即可将视频导出（图5.36）。

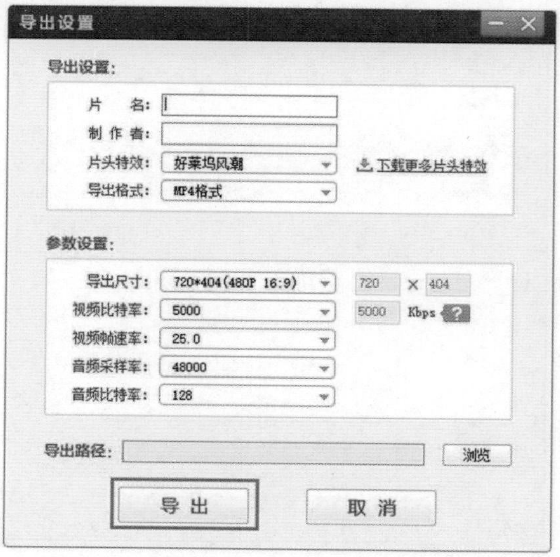

图5.36　导出视频文件

以上是关于爱剪辑的主要功能以及基本操作流程的简单介绍，希望大家多多练习，制作出优质视频。

五、常见问题

（1）在本软件的下载和安装过程中，存储路径选择框的弹出与否与电脑所安装的浏览器有关，不同的浏览器设置存储位置的方法可能不同，要根据浏览器的设置进行存储位置的设置。

（2）在视频剪辑的过程中要做到随剪随存，以防出现错误，来不及保存文件，造成不可挽回的损失。

（3）在导出视频时的"导出设置"对话框中，"视频比特率"选项将直接决定导出文件的画面清晰度。比特率越大，画面质量就越好，但体积也越大，反之亦然。

（4）本软件在保存文件时只保存项目参数，不包含素材等体积较大的内容，因此不能随意删除或移动尚未完工的磁盘素材文件，以免丢失导致下次无法继续编辑。

第六章　手绘软件

近年来，随着手绘在商业广告中的大量出现和变化多端的应用形式，手绘软件逐渐受到大家的青睐。相对于传统手绘，手绘软件不仅可以很方便地绘制出所需要的图形、图案，而且使绘图修改更容易，创作出的作品也极具个性，风格多样，效果表现更加逼真。越来越多的领域开始使用手绘软件，平面广告、网络营销、兴趣娱乐，以及企业宣传影片、自媒体节目，处处可见它们的身影。同样，手绘软件也可用于微课制作，手绘式微课正在悄然兴起。手绘式微课是一种通过速写、速画方式逐次和动态呈现知识内容的教学微视频，通过动画方式，可以把学习者的注意力集中在每个对象内容的呈现上。由于手绘式微课表现形式新颖、活泼有趣，符合学习过程中视觉引导原理，因而深受广大师生喜欢。

目前，市面上流传的电脑手绘软件比较多，常见的有PhotoShop、Painter、SAI、EasySketchPro、来画视频、金山画王、VideoScribe等。本章主要介绍来画视频和MediBang Paint Pro。

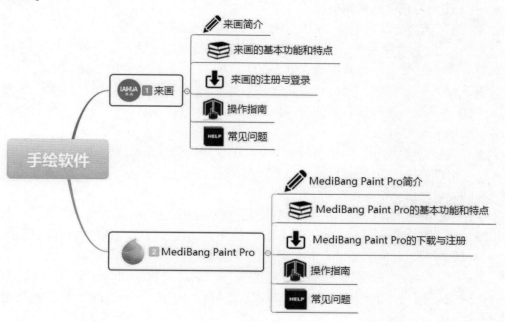

来画视频

一、来画视频简介

来画视频是一款简单有趣、易操作、有创意的手绘视频创作软件，是深圳市前海手绘科技文化有限公司旗下的主推产品。来画视频平台拥有大量的场景、素材。在来画视频平台上，仅需几张图片和几段文字、声音，就可以通过简单的模块化操作，如同制作PPT一样，轻松将手绘图文、实景照片、音乐、手势等素材完美结合，轻轻松松做出手绘视频。即便无绘画基础、无视频制作基础的用户，通过制作手绘动画，也同样能享受到传递自己创意的乐趣。

二、来画视频的基本功能和特点

来画视频拥有电脑端和手机移动端平台，可让用户多端体验创作手绘视频的乐趣，为企业及个人用户提供创意手绘视频制作、交流平台。

来画视频的基本功能如下。

（1）用户原创手绘视频。用户可在平台上自由发挥，通过对背景、文字、音乐、手势、图片等素材的简单组合即可做出独一无二的手绘视频。

（2）大量手绘视频模板。来画视频提供大量免费的手绘视频模板，可以满足节日祝福、商务办公、公司宣传、企业招聘、产品介绍、婚礼邀请、爱情表白、科普教育等不同场景的需求。用户可以选择一些现成模板进行二次创作，只需简单地对文字、图片等素材进行调整，便可以制作出专属的、满足自身使用场景的手绘动画视频。

（3）原创手绘定制。来画视频拥有专业的视频策划、画师及后期团队，可按用户需求，为用户量身打造原创手绘视频，提供高端定制服务。

来画视频的主要特点可概括如下。

（1）制作便捷。来画视频的工作界面操作简单、方便，不仅为用户提供了全方位的帮助文档，还制作了易懂的手绘制作流程视频，加之多特效高性能的动画引擎，用户在很短的时间内就能制作出一个充满创意的手绘视频。

（2）体验友好。来画视频通过大量采集用户的使用数据和对特定行业的精准分析，能快速匹配用户的创作需求和偏好素材，降低了用户的学习成本和视频制作难度。用户制作完动画视频后，可将其下载至本地线下观看，也可一键分享传播至各大主流社交及视频平台。

三、来画视频的注册与登录

此处主要介绍来画视频电脑网页版。

打开浏览器，在地址栏输入http://www.laihua.com/ 进入来画视频官网，单击"注册"进行注册，也可以通过微信、微博和QQ第三方软件登录。建议大家使用手机号码注册登录。

此外，平台还提供各种会员服务，用户升级为会员可以获得更高级的权限和更优质的服务，如去除水印、转换加速。

四、操作指南

（一）来画视频界面及主要工具介绍

按照上述步骤登录后，进入来画视频首页。单击导航栏中的"免费模板"，会出现各种类型的免费模板（图6.1）。

图6.1 来画视频开始界面

用户可先预览模板效果，选中合适的模板后，单击"使用"，就可使用该模板并对其进行二次编辑了。当然，如果用户想设计出自己的风格和特色，需要选择"空白创建"。单击"空白创建"，即可进入来画视频制作界面（图6.2）。

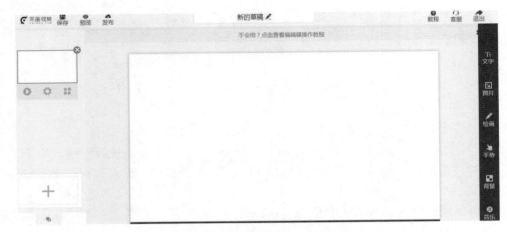

图6.2　来画视频制作界面

1. 顶部菜单栏各功能键

保存。将对当前动画项目的改动保存至云端服务器。

预览。完整预览整个视频的动画效果，单击后便开始播放，再次单击则停止。

发布。可将制作的动画项目转换成模板或视频，发布至设计圈中，发布时需填写标题、类别、分类、标签、出售方式等内容。

帮助。弹出帮助内容页，为用户解释各个功能的作用和使用方式。

客服。增加平台与用户之间的在线交流，为用户及时解决问题，同时分析该平台访问情况。

退出。退出工具页面，回到平台页面。

2. 右侧素材区各功能键

文字。选择字体、字号和颜色，输入文字内容，即可在画布中插入个性化文字。

绘画。使用鼠标或是手绘板，在画布上自由创作图案内容。

图片。选择设计圈中的线上图片资源，或者从本地上传一张图片，在画布中插入图片素材。

背景。选择设计圈中的线上背景资源，或者从本地上传一张图片，即可在画布中插入一幅图片作为背景。

音乐。选择设计圈中的线上音乐资源，或者从本地上传一首音乐，作为制作的动画视频背景音乐。

手势。选择设计圈中的线上手势资源，为所有的手绘类型动画设置一个通用手势。

3. 左边分页及元素

分页预览。预览当前分页的播放效果。

新增分页。单击"新增"，相当于新建画卡，左栏会出现新的空白画卡。

复制分页。选中分页，单击"复制"。左栏会出现一样的新分页，且新元素在画布中出现的位置会与原来元素的位置重叠，拉开即可。

分页元素管理。单击"分页元素管理"，即可看到隐藏的多个小画卡，可以通过拉拽画卡来改变元素的顺序。

设置转场动画。一键设置动画，为整个单页设置转场动画效果。

下面以制作元宵节祝福动画为例，选择"空白创建"方式，对来画视频软件的使用进行具体介绍。

（二）添加背景

单击"空白创建"，进入来画视频制作的空白页面。单击右侧的"背景"按钮，可进行背景设置，背景可以为整个动画营造恰当的气氛，整体上反映作品的主题和基调。选中喜欢的背景，单击 ⊘ 按钮，就可以为动画添加背景了。如若添加之后觉得不合适或不喜欢，也可取消背景，或者单击"更改"使用自定义纯色背景。

（三）添加、替换图片

来画视频提供了各种各样的图片，包括人物、节日、卡通、动物等类别，并可为图片添加动画效果，增加读者视觉触动，丰富表现形式。

1. 添加图片

单击右侧"图片"按钮，弹出图片设置窗口。可以在"平台图片"素材分类中快速找到素材，选择合适的图片单击 ⊘ 按钮插入图片素材。插入后可选择合适位置，固定镜头。素材库有多种类型的人物图片，可根据需要选择（图6.3）。

图6.3 添加图片

如若平台素材库中没有符合需要的图片，可以单击"上传图片"上传本地图片，建议图片大小不超过1MB。上传成功后可进行尺寸、大小、位置的调整。若上传SVG图片（矢量图），将呈现为动态手绘形式；若上传PNG图片，则呈现为静态涂抹形式。

2. 替换图片

双击图片，单击"替换图片"替换成所需图片，也可对图片的大小、尺寸等进行调节或者将图片旋转。替换并调整好图片后，选择合适位置再次固定镜头。

3. 动画设置

选中图片，单击"元素动画"或双击图片，单击"动画设置"按钮，会弹出动画设置对话框（图6.4）。在对话框中可选择转场动画效果，并可设置人物出场的时长、停留时间、转场时间等。此方式可为分页画卡中单个元素设置动画效果，如添加的文字、形状等都可设置动画特效，操作流程与图片动画设置流程相似。

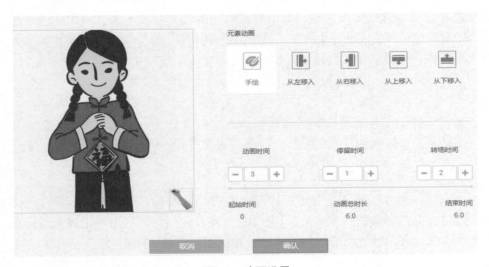

图6.4　动画设置

（四）文字添加和修改

1. 插入文字

单击右侧"文字"按钮，即出现文字输入框。输入文字内容，选择文字样式和文字颜色，设置对齐方式，单击"确认"即可完成。如插入文字"元宵节快乐"。

2. 文字的调整、修改

文字添加完成后如需修改，双击想要修改的文字即可修改文字内容、文字样式、文字颜色和对齐方式，并可设置文字动画效果（图6.5）。

图6.5 文字设置

（五）添加画笔

单击右侧"绘画"功能组件，在画布上绘制想要绘制的素材，系统会根据绘画的图形，智能地在上方显示形状相似的图形。使用平板电脑的用户，可以直接在平板上作画，在右侧可调整画笔粗细、画笔颜色。使用非触屏电脑的用户，可以使用鼠标在画布上进行绘画创作。绘画过程如有调整，可通过单击撤销键删除或单击恢复键回复到上一步的操作。根据智能显示的形状，选择图形，单击"完成"按钮后可对绘画图形进行大小、位置等调整（图6.6）。

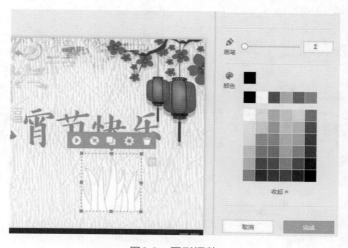

图6.6 图形调整

（六）设置分页动画特效

动画特效是指动画的特殊效果，包括声音特效和视觉特效。可为整个分页画卡设置转场动画特效。

单击左侧分页画卡下方的"设置转场动画"按钮，可设置画卡转场方式、转场动画时间，单击"确定"按钮即可设置成功（图6.7）。

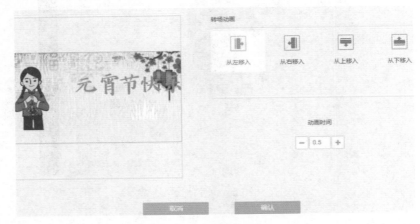

图6.7　转场动画设置

（七）添加手势

可以为页面中添加的单个元素设置出现手势，也可为整个视频设置统一的手势。

选中需要添加手势的元素，单击右侧的"手势"按钮，手势设置中有多重类别，选择喜欢的手势使用即可。为文字"元宵节快乐"添加手势（图6.8），播放视频过程中则会显示手势效果（图6.9）。

图6.8　添加手势

图6.9　添加手势效果

（八）添加音乐

在动画中添加背景音乐可以在视觉效果的基础上，加强场景气氛，让人们的听觉动起来，起到言语所不能表达的效果。

单击"音乐"功能组件，进入音乐设置。可以通过滑动鼠标滚轮下拉浏览歌单，也可直接输入关键词搜索平台音乐。选中合适的音乐，单击 ✓ 按钮使用背景音乐。也可选择单击"我的音乐"，再单击"上传音乐"，将自己喜欢的歌曲或者录制好的音频上传至平台，用作背景音乐。背景音乐的格式为MP3，大小建议不超过5MB（图6.10）。

图6.10　添加背景音乐

（九）固定镜头的使用

固定镜头在动画上可以理解为拍摄镜头（播放时的画面）的位置、焦距都不变的画面。

在来画视频的平台上，固定镜头就是将调整好大小、位置的素材（文字，图片等）固定在画面的当前位置上，固定的状态就是预览时呈现的状态。没有使用固定镜头的素材会在画画中央的位置呈现。使用固定镜头后，素材展示的时候会按照当前固定的状态呈现。

单击需要固定位置的元素，在元素上方弹出的对话框中单击 ⊠ 按钮。如需重新调整位置，则单击 ↻ 按钮选择取消固定镜头即可。设置完固定镜头，可以配合转场动画，使画面整体效果更好。

（十）预览、保存

制作完成后，单击页面左上角"预览"，即可预览手绘视频效果。此外，画布左下角的时刻表，可以看到视频总时长；画布右下角的加减号，可以改变画布的大小。

动画制作完成后单击页面左上角"保存"，就可以将作品保存在"我的作品"草稿箱里。若需修改，打开"我的作品"，在草稿箱中找到该作品，就可进行二次编辑。但导出后的视频不支持二次编辑。

（十一）发布、分享、下载、推广

制作完成后，单击页面左上角的"发布"进入发布页面。依次设置视频标题（30个字以内）、视频封面（建议尺寸320×180，大小不超过500KB）、视频标签（可选择已有标签或自定义输入）。设置完成后，单击"云端转换"或"极度转换"（需下载视频转换加速器），出现一个进度条，显示转化的进度。转换完成后，进入"我的作品"可查看视频，可将作品下载到本地，或者直接分享到QQ空间、QQ、微博或者微信，并可为作品添加图文，以增加视频推广效果。

五、常见问题

（1）优先推荐谷歌浏览器使用该软件。
（2）平台中的作品选择删除后将无法恢复，建议谨慎删除。
（3）向平台上传素材时需经人工审核，审核需要一定的时间。

MediBang Paint Pro

一、MediBang Paint Pro简介

MediBang Paint Pro是一款可以跨平台使用的插画漫画绘图软件。MediBang Paint Pro内置了丰富的绘画功能和绘画工具，包含丰富的笔刷工具、字体素材、背景素材等，能帮助绘画者创作出极具创意、富有想象力的优秀绘画作品。除此之外，软件拥有很多漫画创作功能，如漫画分格、粘贴色调、图层管理等，还可从云存储中随时获取素材，是非常适合用来手绘的工具。

二、MediBang Paint Pro的基本功能和特点

MediBang Paint Pro功能强大，操作简单，实用性强，深受插画师们的喜爱。MediBang Paint Pro的基本功能和特点如下。

（1）体积轻巧、运行流畅。MediBang Paint Pro的文件小，不占用过多的电脑内存，在创作过程中，可画出流畅的线条。

（2）拥有多样笔刷。MediBang Paint Pro拥有超高质感的G笔尖、圆笔尖，以及可混色水彩等18种笔刷。另外，还可使用图片自制笔刷，或根据个人喜好调整笔刷。

（3）拥有云端功能。通过云存储，可在电脑端和手机端随意切换。同时，云端还有40多种笔刷、20多种不同字体，以及800多种网点和背景。

（4）拥有颠覆漫画制作常识的革新功能。MediBang Paint Pro不仅拥有很多诸如背景、建筑、网点等制作漫画的必要素材，还具备可以简单切割漫画格和分别整理每个漫画资料的页面管理功能。

（5）支持与他人一起创作。使用团队创作功能，可以共有资料，共同创作同一个作品。

三、MediBang Paint Pro的下载与注册

打开浏览器，在地址栏输入https://medibangpaint.com/zh_CN/进入MediBang Paint官网，在首页单击"下载"按钮，然后选择对应的系统环境进行下载。下载后，双击应用程序，按照安装向导指示安装即可。MediBang Paint Pro安装简单，支持多种操

作系统。

使用MediBang Paint Pro制作和保存手绘作品不需要注册账号，但是如果需要使用云端素材，将作品投稿、公开、出售，或是购买收费作品，必须登录账号。注册账号有官网注册和软件注册两种方式。以第二种方式为例，注册步骤为：①启动MediBang Paint Pro。安装时可创建该软件的快捷方式，双击快捷方式图标启动程序，进入MediBang Paint Pro首页。②免费注册。单击软件界面左上角的"打开网络面板"按钮，在弹出的页面中单击"新用户注册"按钮，使用合适的方式注册（一般采用邮箱注册），输入用户名、邮箱、邮箱地址、密码，单击"免费注册"按钮，即可完成注册。

四、操作指南

（一）MediBang Paint Pro界面及主要工具介绍

打开MediBang Paint Pro 软件，进入开始界面（图6.11）。下面，对界面内的主要窗口及工具栏中的工具进行介绍。

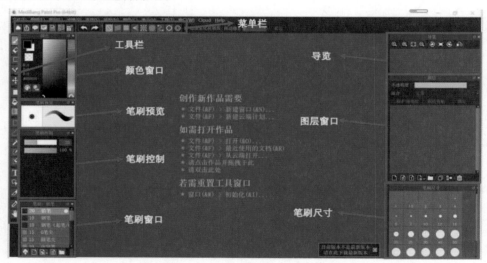

图6.11　MediBang Paint Pro开始界面

1.颜色窗口

此窗口用来制作画笔颜色。可从外侧的色相环选择颜色，再由内侧的四角形色板调整颜色的亮度与饱和度，也可以输入RGB数值指定颜色。

2.笔刷预览

此窗口显示的是当前所选画笔的形状，左侧为笔尖，右侧为绘图笔迹。单击画笔预览窗口，可以将画笔大小重置为默认值。

3.笔刷控制

此窗口可以更改画笔的大小和不透明度，拖拽调节杆即可增减数值，也可以直接在右侧空格中输入数值，设定笔刷尺寸。

4.笔刷窗口

此窗口用来选择画笔。单击画笔名称右侧的齿轮图标可以打开画笔编辑窗口对笔刷进行编辑（图6.12）。将图像文件和画笔脚本拖放到"画笔窗口"中可以直接添加画笔（图6.13）。

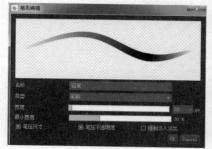

图6.12　画笔编辑窗口

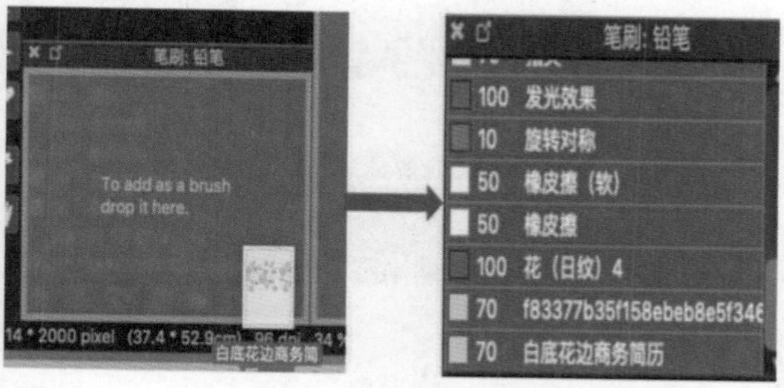

图6.13　添加笔刷

5.导览

此窗口显示的是当前打开的画布的完整图像。在导览窗口放大或缩小图像，原始图像不受影响。

6.图层

此窗口用来管理图层。如果在图层窗口中拖放图像文件，可以将图像作为新图层添加到当前打开的画布中（图6.14）。

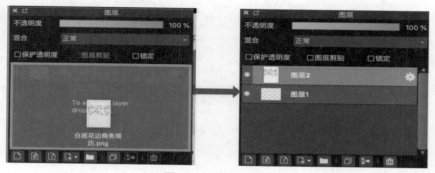

图6.14　添加新图层

7.笔刷尺寸

此窗口用来更改笔刷大小，右键单击笔刷尺寸窗口时，将显示"编辑笔刷尺寸"菜单，单击它将显示笔刷尺寸编辑窗口。

8.工具栏

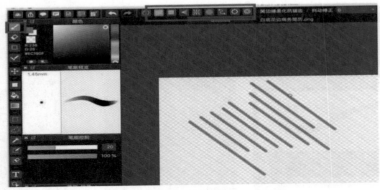 笔刷工具。用于绘制图形。单击"笔刷工具"按钮，菜单栏上方会显示捕捉工具，下图以平行捕捉工具为例，单击"平行辅助"按钮，在画板上画出的线条都是平行线（图6.15）。

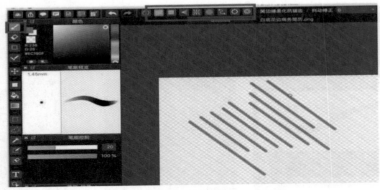

图6.15　平行捕捉

◇ 橡皮擦工具。用于消除绘制的线条、图形和颜色。

▢ 图形笔刷工具。用于绘制较为规则的图形。单击"图形笔刷工具"按钮，菜单栏上方会出现辅助工具。这里以椭圆为例，单击"椭圆"按钮之后，画笔在画布上画出的图形都是椭圆形（图6.16）。

图6.16　椭圆辅助

⬛ 点刷工具。使用1～3像素的点阵笔刷描绘图形，用于绘制细微部分或点图。

✛ 移动工具。用于移动画布上当前图层中绘制的图像。按住【Shift】键并使用移动工具可以水平和垂直移动所选对象。

◼ 填充工具。用于填充图形的工具。单击"填充工具"按钮时，填充工具的特殊工具栏将显示在主窗口的顶部，可以选择合适的图形，填充矩形、椭圆形、多边形。

⬛ 油漆桶工具。用于一键填充线条包围区域中的范围。使用油漆桶工具灌色时，可以从"参照"的下拉选择区域选择"画布"或"图层"。

渐变工具。用于制作渐变效果的工具。形状分为线形和圆形，类型包括"前景"和"前景～背景"。

选择工具。用于限制所绘图的区域。单击"选择工具"按钮之后，能够设定矩形、椭圆、多角形3种形状的选择范围。

套索工具。用于限制所绘图的区域。和选择工具不同，套索工具可以自由圈选范围。

自动选择工具。用于限制所绘图的区域。使用自动选择工具选择线条围起的部分，或是特定的颜色和线条，即可自动沿着形状选取绘图范围。

选择笔工具。用于限制所绘图的区域。能够使用绘图的感觉选择绘图范围，适用于选取选择工具、套索工具和自动选择工具无法选定的细节部分。选取部分显示为粉色，单击"选择笔工具"和"选择消除工具"以外的任意按钮时，则会转换为一般选取范围时的紫色和虚线（图6.17）。

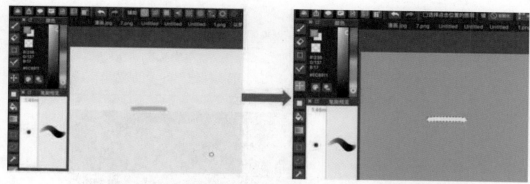

图6.17　选择笔工具使用

选择消除工具。用于消除使用上述选择工具所选取的绘图范围。

文本工具。用于在画布上输入文本。选择文本工具后单击画布，即可显示文本编辑视窗，可在视窗内编辑字体以及字号大小等。

分割工具。用于分割"漫画格"，是漫画格素材专用工具，无法用来分割其他绘图部分。

操作工具。用于移动和变形漫画格。

吸管工具。用于吸取颜色。点选画布中的着色区域，即可选择此颜色为前景色。

手掌工具。用于移动画布。与移动工具不同，手掌工具移动的是整个画布，对画布上的图像没有任何影响。

9.菜单栏

打开网络面板。此处显示启动软件登录账号时的画面。登录时按钮显示为 ，未登录时按钮显示为 。即使启动软件时没有登录，只要单击此按钮即可中途登录。

将作品在ART street公开。只在已登录状态下可以使用，保存在云端的作品，可以投稿至MediBang平台。

打开素材面板。单击"打开素材面板"按钮，即可打开素材视窗。其中包含辅助插画、漫画绘制的便利素材，素材种类分为规则网点、效果网点、物件3种。

打开版本面板。可对保存在云端的作品的版本进行管理。只有在登录账号的情况下可以使用。

打开项目面板。可以在项目面板中编辑云端计划，对保存在云端的作品进行统一管理。

取消。可以对错误的步骤进行撤回。

还原。可以对撤回的步骤进行还原。

（二）操作流程

1.创建画布

创建画布可以分为新建标准画布、新建漫画原稿、打开本地图像、打开云端图像。

（1）新建标准画布。首先单击"文件"，在下拉菜单中选择"新建窗口"，然后在"标准"选项卡中选择合适的参数，最后单击"OK"按钮，即可创建画布（图6.18）。

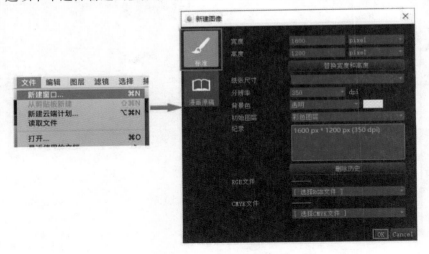

图6.18　新建标准画布

（2）新建漫画原稿。首先单击"文件"，在下拉菜单中选择"新建窗口"，然后在"漫画原稿"选项卡中选择合适的参数，最后单击"OK"按钮，即可创建画布原稿（图6.19）。

> **小提示**
>
> 可以通过"编辑"＞"画布尺寸"来更改设置。

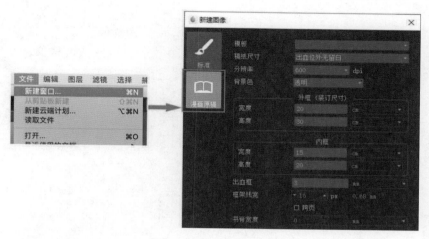

图6.19　新建漫画原稿

（3）打开本地图像。首先单击"文件"，在下拉菜单中选择"打开"，然后单击想要编辑的图片，最后单击"打开"按钮，即可打开本地图像（图6.20）。

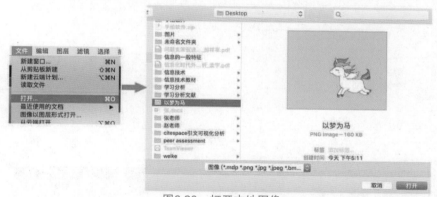

图6.20　打开本地图像

（4）打开云端图像。首先单击"文件"，在下拉菜单中选择"从云端打开"，然后单击想要编辑的图片，最后单击"OK"按钮，即可打开云端图像（图6.21）。

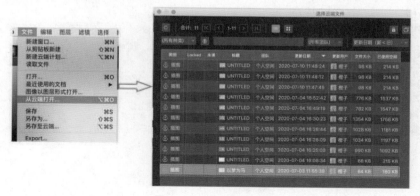

图6.21　打开云端图像

2.编辑画布

编辑画布是利用工具栏里的工具对新建的画布或打开的图像进行编辑的过程。这里以新建标准画布为例，为大家演示独角兽的创作过程（图6.22）。

图6.22　独角兽样例

（1）新建标准画布。前面已经介绍过新建标准画布的过程，这里就不再做详细介绍。

（2）填充背景。单击"油漆桶工具"按钮，将颜色窗口的R、G、B的数值分别设为148、214、276，然后单击画布，背景的颜色填充就完成了（图6.23）。

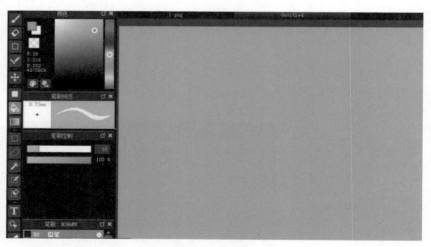

图6.23　填充背景

（3）新建图层。为了便于图层管理以及之后的修改和观察，建议每创作一部分就新建一个图层。单击图层窗口左下角的"追加图层"按钮 ![icon]，即可新建图层。双击图层面板，可以给图层命名（图6.24）。

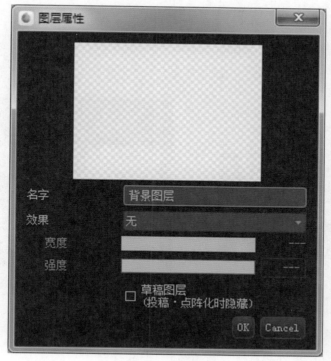

图6.24 命名图层

（4）画独角兽轮廓。选择画笔工具，调整画笔的尺寸（笔刷大小设为5，透明度设为100%）、颜色（R、G、B的数值分别设为60、70、50），然后用笔刷在画布上画出独角兽轮廓（图6.25）。

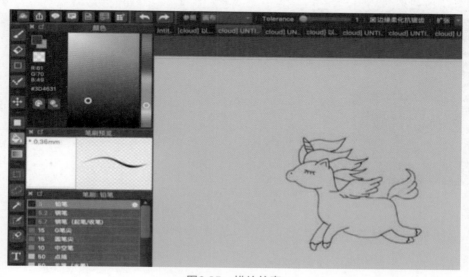

图6.25 描绘轮廓

小提示

在登录账号联网的情况下云端会有很多画笔，单击笔刷窗口下方的 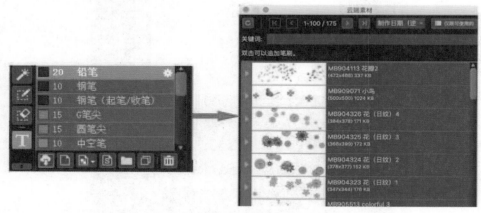按钮，就会出现很多笔刷（图6.26）。

图6.26　云端笔刷

（5）填充颜色。选中"油漆桶工具"按钮，单击独角兽中需要填色的部分，就可以进行填色了，简单的独角兽作品就完成了（图6.27）。

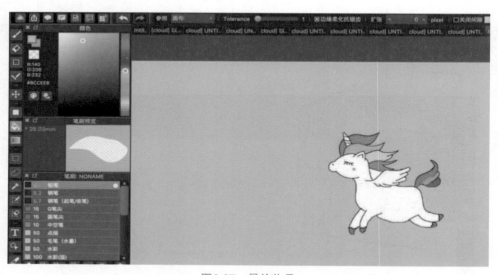

图6.27　最终作品

3.保存画布

保存画布分为保存至电脑和保存至云端。

（1）保存至电脑。单击"文件"，在下拉菜单中选择"另存为"，然后选择想要保存的位置、格式，单击"存储"按钮即可完成存储。

（2）保存至云端。单击"文件"，在下拉菜单中选择"另存至云端"，然后选择想要保存的团队、色彩模式，输入标题、笔记，单击"OK"按钮即可完成存储（图6.28）。

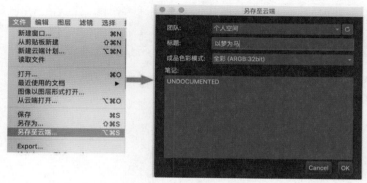

图6.28　保存至云端

小提示

MediBang Paint各种文件保存格式对应的特点如表6.1所示。

表 6.1　MediBang Paint各种文件保存格式对应的特点

保存格式	特　点
MediBang Paint Pro（*.mdp）	MediBang Paint官方格式。可以完美地保存文字信息以及图层信息内容并且不影响图片质量，但无法在推特等社交软件上进行投稿
PNG（.png）	文件容量小，可以保持背景透明的状态保存图片，无法保存图层，可以在推特等社交软件上进行投稿
JPEG（*.jpg）	文件容量小，可以压缩图片，但是会使图片质量下降，并且无法恢复，无法保存图层
Bitmap（*.bmp）	Windows所支持的一种图片格式。由于没有经过压缩所以容量很大，不会损害图片质量。无法保存图层
PSD（*.psd）	Photoshop的保存格式。如需要印刷图片推荐使用此格式。其他对应PSD的绘画软件也可以打开此格式。可以保存图层但无法保存MediBang Paint独有的功能
TIFF（*.tif）	该格式可以在保存图片不受损的情况下进行压缩，但是该格式不是很成熟，互换性不是很友善
WebP（*.webp）	该格式只适用于静止状态的画，比起JPEG和PNG容量更小，但是支持此格式的软件十分少

五、常见问题

（1）建议登录账号使用，可以使用大量的云端素材。

（2）在编辑图像时，尽可能每操作一步就新建一个图层，易于修改和查看效果。

（3）打开云端图像以及保存至云端时，需要在联网的情况下才能操作。

（4）在填充过程中，线条处可能会留有缝隙，可以多填充几次。

第七章　思维导图

思维导图也称脑图，是由学习方法研究专家东尼·博赞创造的一种思维模式和学习方法。这种模式与方法能帮助学习者将原本复杂的逻辑思维用简单的线条和图画来表示，让学习者在大量信息中迅速掌握重点，明确层次。作为有效的知识可视化工具，思维导图在教学中受到了越来越高的关注。它将单调的信息转换成色彩丰富和高度组织化的图式，能够更形象地表现事物之间的内在联系。

制作思维导图主要有手工绘制和软件绘制两种方式。对于非绘画专业、缺乏绘画基础的学习者来说，利用专门的软件来制作思维导图，不仅操作简单，能快速制作出符合自己需要的思维导图，而且可以充分发挥制作者的聪明才智，使思维导图更具个性。

本章选取了百度脑图和XMind两款思维导图软件加以介绍，这两款软件各有所长，各具特色，您可根据自身需要，选择性学习。

百度脑图

一、百度脑图简介

百度脑图是一款百度公司推出的思维导图制作软件。此款软件为在线软件。利用百度脑图可以制作出形式多样的思维导图，可以很清晰地展现制作者的思路，让人一目了然。比如，教师可以利用百度脑图制作出简单的知识脉络，帮助学生更好地把握所学知识的整体框架，让学生更轻松地掌握知识。

二、百度脑图的基本功能和特点

百度脑图的页面简单，将所有功能分为思路、外观以及视图三大模块。制作者无须掌握专业绘图知识，只要根据需要，按照制作流程提示，选择节点、框架进行拖动添加即可完成脑图绘制。

该软件具有以下特点：

（1）支持电脑、平板等客户端操作，不受终端限制，只要网络畅通即可制作。

（2）免安装，在线运行，方便分享。

（3）即时存取和云存储，所有的内容都实时保存到本地，每隔 10 秒同步至云端，实现了编辑即保存的理念。

（4）形式多变，图示样式众多，可制作出各式各样的思维导图，更加新颖灵活。

（5）支持导出多种格式，如KM、TXT、MD、PNG等。

三、百度脑图的登录与注册

该软件可以直接访问http://naotu.baidu.com/进行登录，也可以通过搜索引擎输入"百度脑图"关键词进入官网然后登录（图7.1）。

在首页中单击"马上开启"按钮，会弹出对话框（图7.2）。

在此对话框中，如果使用者已有百度账号，可直接使用百度账号进行登录。若没有百度账号，可单击右下角"立即注册"按钮，在弹出的对话框中填取信息进行注册。注册完成后即可使用账号进行登录。

图7.1 百度脑图开始界面

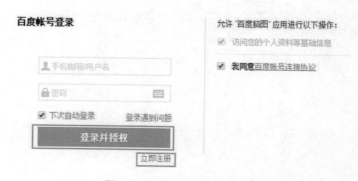

图7.2 百度脑图登录界面

四、操作指南

按照上述步骤注册登录后，即可进入百度脑图的操作界面（图7.3）。

图7.3 百度脑图操作界面

图7.3中的左侧，是百度脑图的菜单栏。

🏠 我的文件。存储自己制作的思维导图文件，可进行移动、删减等操作。

🌐 我的分享。制作完成的作品可在线分享，分享过的作品在此显示。

🗑 回收站。删除的作品回收处，可对删减至此处的作品进行清空、还原等操作。

🔁 FAQ。提供百度脑图的常见问题并进行解答。

🏷 更新日志。对百度脑图等一些更新问题进行说明。

下面以人教版七年级《历史》上册第三单元第十课《秦王扫六合》一课的思维导图制作为例，展示思维导图的具体操作过程。

（一）新建文件

单击"我的文件"中的"新建脑图"按钮进入（图7.4），以弹出的"新建脑图"文本框为中心，开始制作思维导图。

图7.4　新建脑图

（二）选择思维导图的逻辑结构图及样式

制作前，要将制作思维导图内容的逻辑脉络理清楚，包括文本内容以及分支、层级等，为选择逻辑结构作准备。理清脉络后，选择合适的逻辑结构图以及样式，为整个思维导图的制作奠定结构基础。

具体步骤如下。

（1）单击左上角"外观"标签，然后单击 ⚙ 按钮，从下拉菜单中选择符合需要的逻辑结构图（图7.5）。

（2）单击"天空蓝"，从下拉菜单中为整个思维导图选择合适的颜色。

在本例中选择的逻辑结构图为右列第二个，颜色为默认"天空蓝"。

（三）构建思维导图逻辑框架结构

确定逻辑结构图和样式后，可根据所要建的思维导图的内容层级构建逻辑框架。

具体步骤如下。

（1）选中界面中的"新建脑图"文本框。

（2）单击左上角"思路"标签，然后单击"插入下级主题"会弹出一个"分支主题"的文本框（图7.6）。

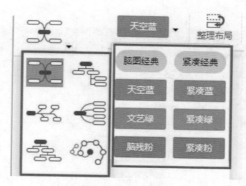

图7.5 选择样式

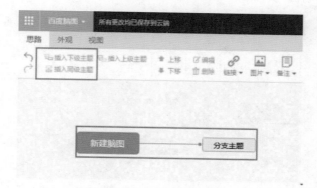

图7.6 插入分支

根据所需，按照上述步骤，添加适量的分支主题。在本例中，共需要三大分支主题，添加完成后如下（图7.7）。

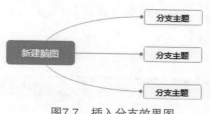

图7.7 插入分支效果图

（四）添加文字内容并编辑

逻辑结构图搭建好后，就需要给思维导图添加内容并进行文字编辑了。

（1）选中界面中的"新建脑图"文本框。

（2）在左上角"思路"标签下，单击"编辑"按钮，文本框"新建脑图"中的文字就会被选中，之后即可进行内容的输入。

（3）单击左上角"外观"标签，可进行关于文字的字体、字号、文字颜色等的设置（图7.8）。

图7.8　文字属性设置

按照上述步骤，对思维导图的内容进行编辑输入，并对字体、字号、文字颜色进行设置。

在本例中，文字字体选择为"黑体"，第一、第二、第三级主题字号分别为24、18、16（图7.9）。

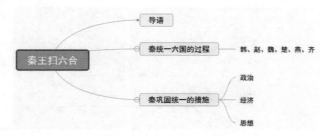

图7.9　文字属性设置效果图

（五）添加链接

上述步骤过后，基本的思维导图已经完成。在此基础上，可对其进行美化以及功能的添加。百度脑图提供了添加外部链接的功能，可对思维导图中的内容添加外部的网址链接，对其进行内容的进一步介绍和知识的拓展，具体步骤如下。

（1）选中要添加链接的内容。

（2）单击左上角"思路"标签，单击 🔗 按钮，选择"插入链接"命令（图7.10）。

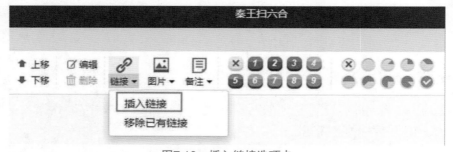

图7.10　插入链接选项卡

（3）选择"插入链接"命令后会出现对话框（图7.11），将链接地址复制到对话框中，并且添加提示文本（提示文本是对链接的内容进行简单介绍），单击"确定"按钮即可。

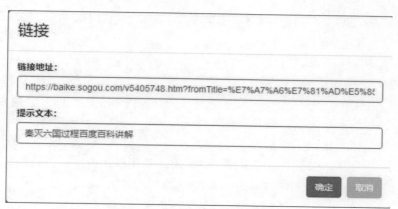

图7.11　插入链接对话框

（六）添加图片

图片能够更直观、形象地展示所讲内容，更能吸引人的注意。百度脑图也提供了为导图添加图片的功能。具体步骤如下。

（1）选中要添加图片的内容。

（2）单击左上角"思路"标签，单击按钮 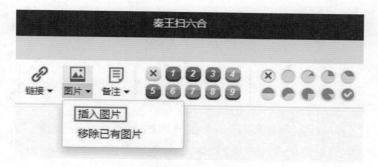，选择"插入图片"命令（图7.12）。

图7.12　插入图片选项框

（3）单击"插入图片"命令后会出现图片对话框，有图片搜索、外链图片、上传图片三种添加图片的方法。选择合适的途径添加图片，单击"确定"按钮即可。

本例中，选择"上传图片"这一途径添加照片。单击"选择文件"按钮选择所需图片"秦灭六国形势图.jpg"，添加"提示文本"为"秦灭六国形势图"，单击"确定"按钮即可。

（七）添加备注、序号

在百度脑图中可以为每个层级的内容添加备注。备注添加好后，会在内容后以一个文档标识的形式出现。当光标放在上边时，就会显示备注的内容，起到补充说明的作用。

添加备注的具体步骤如下。

（1）选中要添加备注的内容。

（2）在左上角"思路"标签下，单击"备注"按钮 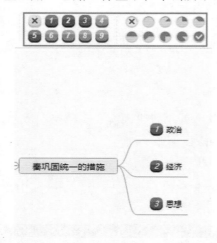，页面会出现备注输入区，在此区域中输入备注内容即可（图7.13）。

同时，百度脑图提供了添加序号的功能，可以更好地体现思维导图的顺序性。选中要添加序号的内容，在左上角"思路"标签下，单击所示的序号进行添加即可。

图7.13　插入备注

（八）保存文件

思维导图制作完毕后，是文件的保存工作。

单击页面左上角的"百度脑图"，在弹出的下拉菜单中选择"另存为">"导出"，然后在弹出的对话框中选择所需格式（图7.14）。

图7.14　保存文件

选择导出格式后，会弹出新建下载任务对话框。在此对话框中，对要导出的文件进行命名，并选择存储路径，单击"下载"按钮即可保存。

五、常见问题

（1）在对某一层级的内容进行编辑的时候，必须要先选中这一层级的内容，否则页面的"编辑"按钮为灰色不可用状态。

（2）在最后保存、导出脑图时，不同浏览器会有不同的保存方式。上述为360浏览器的保存方式的演示。

（3）分支主题的扩散是以所选中的文本框为中心的，若想给分支主题继续添加下一级子主题，需先选中该级分支主题对应的文本框。

XMind

一、XMind简介

XMind 是一款操作简单的可视化导图软件，功能全面，易上手，在企业和教育领域应用广泛。

XMind 能够绘制思维导图、树形图、逻辑图、组织结构图、概念图等，并提供多种风格、样式的图形，可方便地在多种图形间实现转换，还可插入个性化图标，灵活定制节点外观。XMind 还能直接通过互联网获取资源，支持链接多媒体，提供结构化的演示，可以纵向深入讲解和挖掘某一问题。XMind 采用 Java 语言开发，强调软件的可扩展、跨平台、稳定性等，可以在 Windows、macOS、Linux 上运行，并能与 Office 软件横向集成。

二、XMind的基本功能和特点

（1）美观简洁。用户界面和思维导图文件都非常美观简洁。

（2）兼容性强。XMind 可以导出成多种文件格式，可以方便地共享绘制成果。同时，XMind 还支持 MindManager 和 Freemind 文件的导入，使用户在从这两个软件转向XMind 时，不会丢失之前绘制的思维导图。

（3）具有多种图形展示方式。XMind 不仅可以绘制思维导图，还能绘制鱼骨图、二维图、树形图、逻辑图、组织结构图，而且还可以方便地在这些展示形式之间进行转换。

（4）支持云服务。XMind 的云服务，实现了不同平台编辑思维导图的云端同步，用户可在移动客户端和电脑客户端查看、编辑同一张思维导图并进行云端同步。

（5）具有全新的演示模式。XMind 为用户提供了一种结构化的演示模式，有纵向深入和横向扩展两个维度的选择，可以根据听众和现场的反馈及时调整演示的内容。

（6）用途广泛。XMind 在企业和教育领域都有很广泛的应用。在企业中它可以用来进行会议管理、项目管理、信息管理、计划和时间管理、企业决策分析等；在教育领域，它通常被用于教师备课、课程规划、头脑风暴等。

（7）该软件可在脱机环境下运行。

三、XMind的下载与安装

打开浏览器，在地址栏输入http://www.xmind.cn/访问XMind官网，单击"下载"标签，进入下载页面。

此处我们选择 XMind 8的Windows 版进行下载。下载过程中，可设置下载文件名称，更改下载地址。下载完成之后，运行安装程序，选择好合适的安装位置，待安装进度条完成后，XMind就安装好了。

四、操作指南

按照上述步骤下载安装后，双击软件图标，进入软件首页（图7.15）。

图7.15菜单栏中主要工具介绍如下。

 主页。提供多种模板和空白图。

保存。可将新建的思维导图保存至"我的电脑"或者XMind云端。

主题。添加分支主题或者子主题。

联系。可为不同分支之间添加联系及信息

外框。为单个主题添加外框形状。起到强调、弱分类的功能。

概要。可为单个或者多个分支添加概要、总结。

演示。将当前思维导图以全屏的形式展现在电脑屏幕上，只有被选中的主题才会在屏幕中央高亮显示出来。

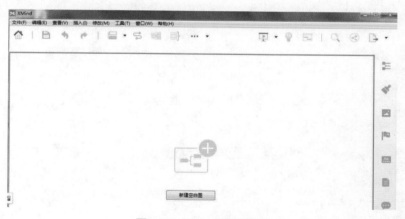

图7.15　XMind 操作界面

头脑风暴模式。可以快速收集、记录灵感，并可以将其分组。

甘特图。用图形化的进度条形式，展现当前项目中所有任务的优先级、进度、开始及结束时间。

检索。为用户提供图标、标签、任务起止时间、任务人及字母排序等不同的主题索引方式，快速且精准地定位目标信息。

分享。可以将做好的思维导图以邮件、博客、链接形式进行分享。

图7.15右侧工具栏中的主要工具介绍如下。

大纲。整个思维导图的大纲视图。

◆ 格式。做文字、外形、边框、线条的设置。

▣ 图片。添加剪贴画。

▣ 图标。添加小图标。

▣ 风格。提供多种思维导图整体风格，修改设计思维导图个性风格。

▣ 备注。为思维导图作信息补充。

▣ 批注。为思维导图加批语和注释。

▣ 任务信息。专业版中的功能，可以在任务信息的视图中为每个主题添加各自相关的任务信息。

该软件在未激活的情况下为免费版，只能使用部分功能。如需用到更多功能，如头脑风暴、演示模式、甘特图、搜索功能、插入图片、任务信息等，选择所需版本，激活付费即可。

（一）选择模板或新建导图

打开 XMind 软件，单击"新建空白图"，新建一个空白思维导图。界面中会出现"中心主题"编辑框，双击可以输入想要创建的思维导图项目的名称。XMind主要由中心主题、主题、子主题、自由主题、外框、联系等模块构成，通过这些模块可以快速制作思维导图。

此外，单击左上方菜单栏中的"主页"图标，可以选择空白图或者模板使用（图7.16）。

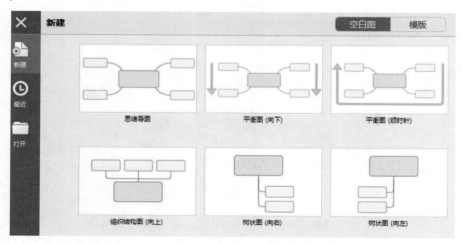

图7.16　选择模板

此处选择空白图中的"思维导图"，以《了不起的盖茨比》读书笔记为例，介绍思维导图制作流程。

（二）添加、删除主题

根据实际情况，选择增加分支主题。如果主题下还需要添加下一级内容，可以再创建子主题，按【Ctrl + Enter】键或【Insert】键可添加分支主题。如若主题添加错误，按【Delete】键或者单击上方菜单栏中的 ↶ 或 ↷ 按钮撤销或者重做。本例中《了不起的盖茨比》的读书笔记需要从两个方面作准备：一是对该书内容的介绍，包括主要人物、故事情节、总结；二是对该书的评价和反馈，如推荐原因、最喜欢的部分、结论等。如图7.17所示添加六个分支主题。

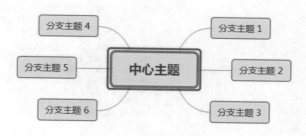

图7.17　设计结构图分支

（三）添加主题信息

主题信息即每个层次主题的具体内容，且每个层次的主题内容之间为包含关系。

在分支主题增减修改完成后，添加每个层级主题的具体内容：双击选中主题，即可添加主题文字。每个层次主题的添加与内容的填写流程相似，按照需要添加即可（图7.18）。

（四）添加备注

如果某个分支内容过多，分支主题会变得复杂和混乱，此时可以选择添加备注，为思维导图作信息补充。

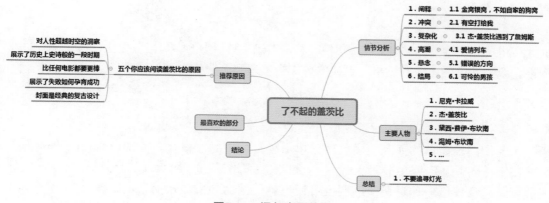

图7.18　添加主题信息

选中需要添加备注的分支主题，单击右侧工具栏"备注"按钮，在弹出的对话框中输入备注内容，并可调整字体、字号、样式等基本设置。如需更改或者删除备注，右键单击分支主题后的"备注"按钮，选择"修改"或者"删除"即可（图7.19），还可以为"最喜欢的部分"和"结论"添加备注。

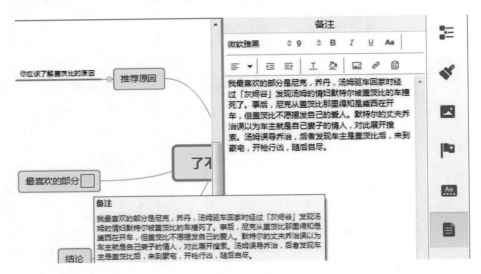

图7.19　添加备注

（五）美化

美化思维导图就是改变思维导图的样式、结构、配色等，使之在视觉上达到美观。

1. 更改格式

选中所要美化的主题，右键单击，选择"格式"，可改变颜色、字体、外形、边框等。

2. 更换风格

思维导图的整体风格也可以更换。单击右侧工具栏中的"风格"按钮，选择合适的风格，双击即可覆盖原有风格。更换的风格会覆盖整个思维导图，改变其边框、字体、颜色等。

3. 调整画布格式

单击编辑窗口的任意空白区域，单击工具栏中的"格式"，即可快速打开画布格式视图（图7.20）。通过"背景颜色"和"选择墙纸"选项，可以为思维导图设定特定的背景色及墙纸。通过调节透明度可使思维导图达到最佳效果，透明度百分比越低则背景越淡化，并可设置信息卡的显示情况。

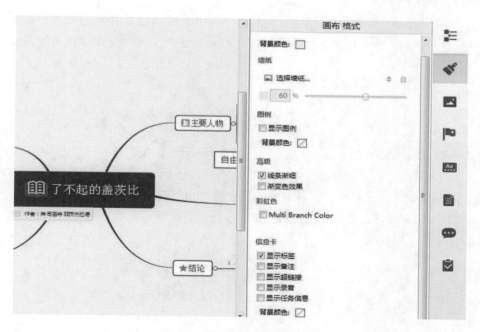

图7.20 画布格式视图

4. 插入图标

在思维导图中，通过添加图标可以有效、美观地表达特定部分的优先等级、完成度、特殊标记等。通过单击右侧工具栏中的"图标"按钮，用户可快速打开相应视图添加图标（图7.21）。

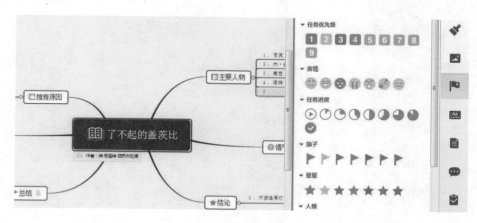

图7.21 插入图标

同理，如果需取消或者去掉相关设置，可直接选中进行删除或者取消。

（六）导出

当思维导图制作完成后，在右侧工具栏中单击"导出"按钮，可将思维导图以不同的格式导出，方便后续分享、使用。XMind免费中文版提供多种导出格式（格式后带有"［pro］"字样的导出格式除外），用户可自行选择，并可更改导出的地址及文件名称。

五、常见问题

（1）XMind支持多语言，在下载安装时选择中文版，安装后直接就是中文界面。

（2）头脑风暴、演示模式、甘特图、搜索功能、插入图片、任务信息及一些导出格式为付费版本所具有的功能，有需要的用户可自行选择购买。

（3）安装XMind之前必须先进行电脑Java环境的检查，无配置相应的Java环境则无法进行软件的正常安装。

第八章　问卷制作

　　问卷调查是目前国内外社会调查研究中广泛使用的一种方法，是社会科学领域开展实证研究的重要工具。传统的问卷调查，往往耗费大量的人力、物力，而且耗时较长。随着计算机网络技术的发展，在线问卷调查系统逐渐成熟。人们不再拘泥于纸质调查，开始转向基于网络的电子问卷，并且在线问卷调查平台实现了自动统计分析和评价。

　　目前，许多在线问卷调查系统除了提供问卷调查外，大都具备制作试卷的功能。教师利用在线问卷调查系统，不仅可以向学生实施问卷调查，而且可以编制试卷、单元测试题等进行在线测验。这种测验方式不用人工阅卷，系统会自动分析学生学习结果并给出学习报告。

　　常用的在线问卷调查系统有问卷星、腾讯问卷、问卷网、调查派、调查宝等。本章主要介绍问卷星和腾讯问卷。

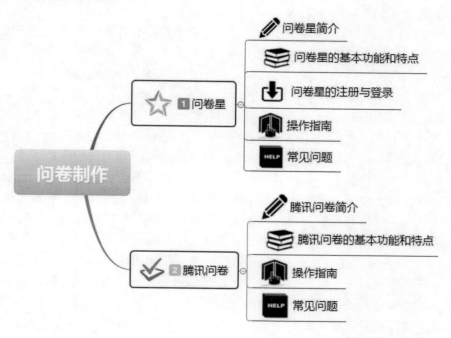

问　卷　星

一、问卷星简介

问卷星是专业从事在线调查、投票、测评等活动的一个平台，于2006年11月正式上线运行。该平台分免费版和企业版。用户注册后，利用免费版即可进行各类在线调查、投票、评选、测试、报名、信息登记等，方便、易操作。一般免费版的功能就基本可以满足用户的需要。

二、问卷星的基本功能和特点

问卷星为用户提供了功能强大、人性化的在线问卷设计、数据采集、调查结果分析等系列服务，支持自主制作、模板制作、导入文本制作、录入问卷服务等方式。平台中免费的基础性服务也可以满足企业小范围小规模的问卷调查需求。若是规模较大、有特殊服务需求或者需要样本服务等，可选择购买相应服务。

问卷星的基本功能和特点概括如下。

（1）操作简单、界面友好、设计人性化。问卷星平台使用方便、快捷，操作全部图形化。使用者只需按照自己的设计思路，按相应提示进行操作便可完成。问卷星可为用户省却问卷的印刷、运输、回收和录入等工作环节，可大大缩短调研周期，降低调研成本。

（2）功能众多且实用。问卷星具有问卷调查、在线考试、360度评估、报名表单、在线测评、在校投票等功能。问卷调查，可实现轻松导入问卷、多渠道分发问卷、完美适配移动端、原始数据下载、自动生成图表等，能支持30多种题型，可以设置跳转、关联和引用逻辑，支持通过微信、邮件和短信等方式发布问卷，自动收集数据后还可进行分类统计、交叉分析，并且可以导出到Word、Excel等。在线考试，具有批量录入试题、考试时间控制、自定义成绩单、题库随机抽题、系统自动阅卷、成绩查询系统功能。360度评估、在线测评以及报名表单也非常实用。

（3）良好的横向连接。除了问卷星官网，用户也可以使用微信公众平台实现问卷星功能，还可以通过平板电脑、手机等多种终端进行操作，且对使用终端的硬件配置要求低，让使用者在使用时间、地点等方面更加自由。同时，问卷星的问卷或测试还可以通过微博、微信、网页链接等进行分享推广，也可以使用平台推送的数据。

（4）低碳环保、形式新颖，广受欢迎。这种在线无纸化问卷节省了纸张，省去了印制所花的人力和物力，符合当今社会对节能、低碳和环保的要求。运用手机答题，形式新颖，深受用户的欢迎。它利用了广大用户手机不离手的特点，有效地引导用户利用手机即可完成相关操作。

三、问卷星的注册与登录

直接访问https://www.wjx.cn/进入问卷星官网首页即可登录问卷星（图8.1）。

图8.1　问卷星登录界面

若用户已有问卷星账户，可直接登录；若无，需要先进行注册。单击"注册"按钮，设定用户名、密码，并输入手机号接受验证码即可注册成功。问卷星支持第三方登录，如单击 QQ登录 按钮，使用QQ手机版扫描界面二维码，手机确认即可登录。

登录后，可使用"免费版"。随着使用范围和要求的扩大，也可以支付一定的费用选择"专业版"和"企业版"。

四、操作指南

问卷星有四种创建问卷的方式供选择使用，分别是创建空白问卷、从模板创建问卷、文本导入、人工录入服务。创建空白问卷，是指直接创建一份没有任何信息的空白问卷；问卷星平台提供了政府、学校、电商、市场等多种场景模板，用户可以选择"从模板创建问卷"并通过搜索功能快速找到所需模板；如果已经有设计好的问卷文档，可以使用"文本导入"直接生成在线问卷；录入服务即利用人工协助录入问卷，需要准备好问卷文档，联系问卷星平台中的客服人员，此功能需要购买企业版服务才能使用。

下面以创建空白问卷为例具体讲解其操作过程。如有兴趣或需要，可自行探索在线投票、测评、评估等应用。

（一）创建空白问卷

在平台首页的"应用展示"中选择"问卷调查"，单击页面下方的"立即发起调查"，在弹出的界面中输入调查问卷的标题，如"手机市场需求调查问卷"，创建空白问卷，即可跳转至问卷编辑页面（图8.2）。

图8.2　问卷编辑界面

（二）编辑问卷

1. 编辑问卷标题与说明

在编辑调查问卷前，问卷的卷首一般要有一个简要的问卷说明。问卷说明主要讲明调研意义、内容和方式等，以消除被访者的紧张和顾虑（图8.3）。

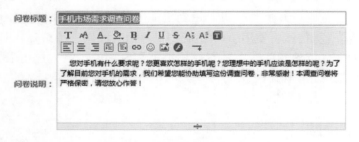

图8.3　编辑问卷标题与说明

2. 编辑题目

题目是调查问卷的核心部分，包括了所要调查的全部问题，是调研主题所涉及的具体内容。问卷星调查问卷中为用户提供了单选、多选、填空、矩阵、量表、排序、下拉等多种题型。

（1）单选题。无论是调查问卷还是在线试卷，单选均为常见题型。单选题的添加、编辑步骤简单明了，具体操作流程如下。

①选择题目类型。在题目栏中选择"单选题"，出现单选题文本编辑框。整个编辑框主要包含两个区域，上半部分是效果预览区，下半部分是编辑区，每个题型的编辑框布局大致相同（图8.4）。

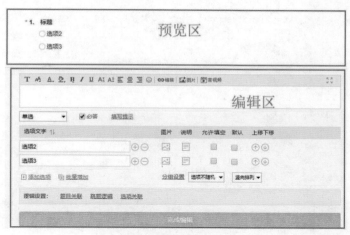

图8.4　单选题编辑页码

②编辑标题内容。将标题内容输入编辑区中的标题区域，标题中可添加图片、视频（需要视频通用代码）、超链接等，并可对标题字体进行样式、大小、颜色等设置（图8.5）。

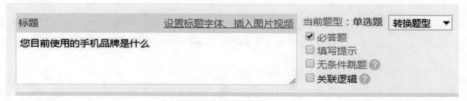

图8.5　编辑题目

在标题框右侧的逻辑关系中，"必答题"为不答此题无法进入下一题的作答；"填写提示"为作答时跳出的提示；"无条件跳题"即选中某些选项时无条件跳转至后面的题目；"关联逻辑"指此题的出现依赖前面题目的指定选项，当前面题目选中某个选项时，此题目才会出现。标题设置中的逻辑关系适用于大部分题型。

③编辑选项内容。将选项信息输入编辑区中的选项区域，单击"添加选项"可以增加选项数量。单击选项文字后的"图片"和"说明"，可以为选项添加图片或者说明，其中说明支持插入HTML、图片、视频等。"允许填空"即该选项无固定答案，可自行填写。"跳题"即选中某个选项时自动跳至相应的题目。此外，"操作"下方的按钮从左往右依次表示选项的添加、删除、上移、下移功能，并且可以改变选项的横竖排向（图8.6）。

④题目设置。设计完成后，单击下方"完成编辑"，完成该题编辑。如果还需要继续编辑，只需将鼠标移动到该题，单击"编辑"即可再次编辑该题。如需将题目进行排序，可以单击"上移"和"下移"按钮改变题的顺序。同时也可以单击"复制""删除""最前""最后"等执行相应的操作（图8.7）。

图8.6　编辑选项内容

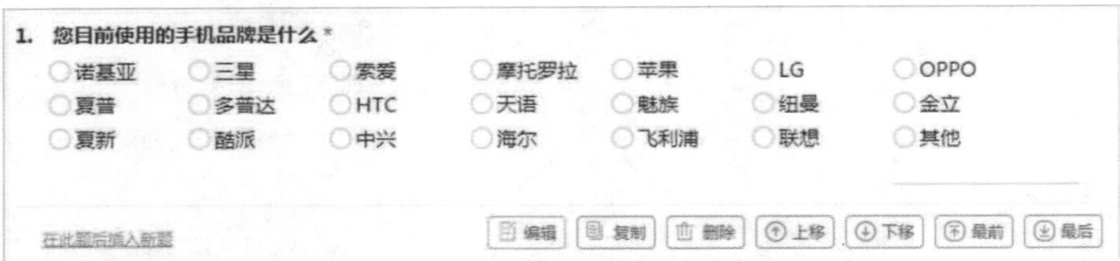

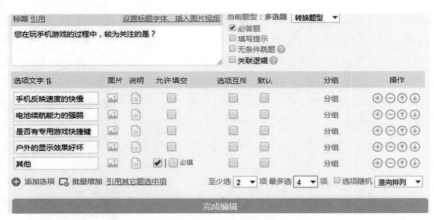

图8.7　单选题完成样例

（2）多选题。多选题的添加和编辑步骤与单选题相似，不同的是多选题对选项个数有所限制，可设置最少选项数和最多选项数（图8.8），输入题目标题"您在玩收集的过程中，较为关注的是？"及其选项。

图8.8　多选题编辑

编辑完成后，系统会自动标识该题目的类型。若没有设置选项可选个数，则会标识"多选题"。若设置了选项可选个数，则系统会提示选项可选数量，如"请选择2~4项"（图8.9）。

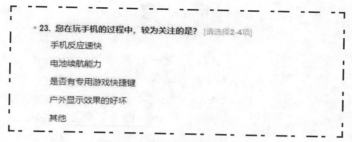

图8.9 多选题完成样例

（3）填空题。单击题目栏中的"填空"，在弹出的单项填空编辑框中输入题目标题，如"在您的收集内置游戏中您比较喜欢的是？请写出游戏的名字"。

单项填空属性设置比较简单，与选择题相比，多了对文本框的设置，其中的高度、宽度、下划线样式都是对文本框的设置。此外，可对答题输入字符数进行限制。通过"属性验证"还可指定作答时允许填写的信息类别，如身份证号码、QQ号码、手机号码等，可防止乱填、误填的现象，提高问卷回收的有效性（图8.10）。

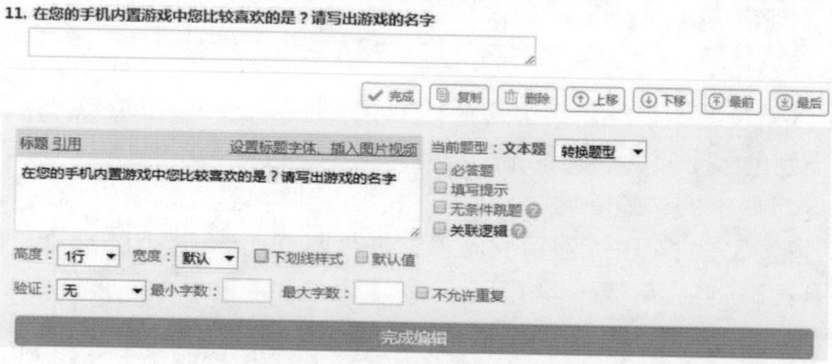

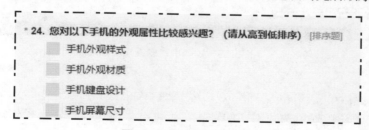

图8.10 填空题的编辑

编辑完成后单击"完成编辑"即可完成该填空题的编辑。

（4）排序题。排序题要求被访者按照一定的标准将若干选项依次排列，以查看被访者对多个选项的态度及偏好。被访者单击选项的先后顺序即为该题目的排列顺序。

单击题目栏中的"排序"，在编辑区内分别输入标题内容和选项内容，编辑流程类似，如输入标题"您对以下哪些属性比较感兴趣"及其排序选项。完成后单击"完成编辑"即可，该题题型会在题目后显示。其排列顺序为选择选项的先后顺序（图8.11）。

图8.11 排序题完成样例

（5）下拉题。在制作问卷的过程中，有时候题目选项和维度过多，全部显示会占用较大版面，造成页面混乱。下拉题可以将所有题目选项隐藏在下拉框内，单击下拉菜单后依次展开，使问卷页面更加简洁、美观。

选择题目栏中的"下拉框"，同单选题操作流程相似，依次添加标题和选项内容，如添加题目标题"您会购买以下哪个品牌的收集"及其选项，添加完成后单击"完成编辑"（图8.12）。单击"请选择"，下拉框中可展示所有的选项内容。

*25. 您会购买以下哪个品牌的手机?

请选择	▲
请选择	
诺基亚	
三星	
华为	
苹果	
小米	

图8.12　下拉题完成样例

（6）矩阵单选题。当关于某个问题有多个小题，每个小题的选项相同，可选择矩阵题，将同类别的多个问题和答案排列成一个矩阵，进行单项选择。

①选择题目栏中的"矩阵题"，单击添加"矩阵单选"。编辑标题和选项内容，如从外观、性能两方面对手机使用的满意度进行调查，选项为五个不同的满意度。也可根据需要自行添加左、右行标题内容（图8.13）。

图8.13　矩阵单选题编辑

②编辑完成后单击"完成编辑"，其预览效果如图8.14所示。

矩阵多选题与矩阵单选题不同的是答案可进行多项选择，其余操作与矩阵单选题类似，此处不再赘述。

图8.14　矩阵单选题完成样例

（7）矩阵量表题。矩阵量表题是将同类的多个问题和答案排列成一个矩阵，通过数字区间值进行衡量评分，适用于绩效考核、满意度调研等场景。

①选择题目栏中的"矩阵题"，单击添加"矩阵量表"（图8.15）。如从手机待机时间、信号能力、通话质量、硬件质量四个方面来评价手机的性能。量表可分为不同级别，此处选择5级量表。"选项文字"与"分数"可自行设置，比如很满意为5分，很不满意为1分，根据满意程度选择分数。此处样式选择☆。

②编辑完成后单击"完成编辑"（图8.16）。

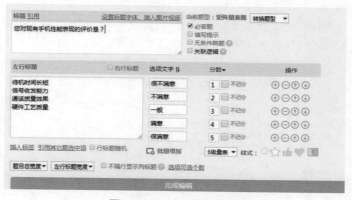

图8.15　矩阵量表题编辑

图8.16　矩阵量表题完成样例

（8）矩阵填空题。矩阵填空题是针对某一个问题，从不同方面设置问题，排列成一个矩阵，答题者在对应文本框中填写答案。

与填空题操作相似，选择题目栏中的"矩阵题"，单击添加"矩阵填空"，输入相应内容，如添加题目标题"您对您使用的手机感觉怎么样"及其选项标题"外观、性能、手感"，还可设置答案文本框的高度和宽度。完成编辑后效果如下（图8.17）。

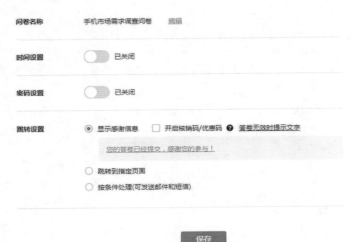

图8.17　矩阵填空题完成样例

（三）问卷的预览、保存、设置

问卷题目添加完成后单击右上角"预览"或"完成编辑"可进行预览或者保存问卷。保存过的问卷可在 🏠 我的问卷 找到，可进行二次编辑、复制、下载、发送、删除等操作。

问卷常用设置包括时间设置、密码设置、跳转设置（图8.18）。时间设置可设置填写问卷的开始、结束时间，以及指定作答时间。密码设置包括单个密码、密码列表、短信验证码。单个密码是指所有填写者只能用这一个密码打开问卷；密码列表是指发布者可以针对每个填写者生成唯一填写密码；短信验证码则是指用户在填写问卷之前，必须输入通过手机短信收到的随机验证码才可以填写问卷。跳转设置即按照条件跳转至不同的链接。

图8.18　问卷的基本属性设置

问卷的其他设置包括权限设置、公开设置、显示设置、数据推送（图8.19）。权限设置包括答题权限、答题次数、问卷回收上限等的设置。公开设置可设置问卷的公开程度、结果的公开程度、浏览查看的公开程度。显示设置即设置问卷在不同设备上的显示状态，包括电脑外观和手机外观，可设置问卷按钮、进度条、提示语言、背景等问卷外观。数据推送即问卷星平台在收到答卷数据后，将结果推送到指定网站，以便查看。

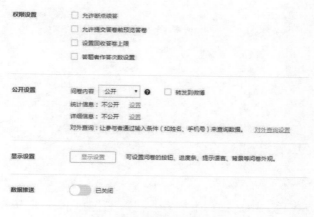

图8.19　问卷的高级属性设置

（四）问卷的发布

制作并设置好的问卷为草稿状态，需要发布后才能被填写者填写，才可进行发送、分享等操作。

进入"我的问卷"，找到编辑完成的调查问卷，单击"发布"，即可将问卷发布到问卷星平台（图8.20）。

图8.20　问卷发布

（五）问卷的下载、分享、发送

问卷发布后，即可查看访问问卷的链接地址（图8.21）。问卷可以直接分享到社交平台，也可以复制此链接地址通过其他渠道发放给调查人群填写。另外，可为问卷答题者设置抽奖活动，以吸引更多用户填写，奖品均由问卷星平台提供。

图8.21　问卷分享

（六）问卷的回收与分析

1. 下载调查报告

回收答卷之后，系统会自动进行分析统计。单击"分析&下载"，在下拉列表中选择"统计&分析"即可查看和下载调查报告。

2. 查看原始答卷

进入管理后台，单击"分析&下载"，在下拉列表中选择"查看下载答卷"可以查看每一份答卷的详细内容以及答卷来源IP地址及地理位置、来源渠道、填写所用时间等附加信息，并可以排除掉不符合要求的无效答卷。

3. 下载到SPSS数据分析软件

在"查看下载答卷"中选择"下载答卷"，并选择下载到SPSS，就可以获取SAV格式的数据文档，这个数据文档可以直接在SPSS软件中打开，以方便对数据进行更深入的分析。

此外，利用问卷星还可以制作在线试卷。与调查问卷相比，在线试卷中的题型较少，主要有单选、多选、判断、单项填空、多项填空、简答，题目添加流程与问卷中题目添加流程相似，不同的是，在答案设置时，需设定正确答案、题目分数，并可选择为题目添加答案解析。

五、常见问题

（1）问卷星支持插入来自腾讯、优酷等视频网站的视频。如果是自己制作的视频，可先上传到这些网站，因为插入时需要获取视频通用地址。

（2）不要在问卷说明中插入音频、视频等多媒体文件。出于安全考虑，问卷星会过滤所有在问卷说明中插入的样式、脚本等。

（3）在微信朋友圈分享问卷时，不可存在诱导或强制用户将问卷分享至朋友圈的违规行为。

（4）免费版用户发布、回收答卷的次数有限，可自行选择是否购买专业版。

腾讯问卷

一、腾讯问卷简介

腾讯问卷是腾讯用户研究与体验中心根据多年问卷调查的经验专门开发的在线问卷调查平台。该平台原是腾讯公司内部对用户、市场产品进行问卷调查的重要工具，拥有大量的问卷题型和问卷模板，为给用户提供一站式互联网服务。腾讯问卷平台于2014年年底正式对外免费开放。

二、腾讯问卷的基本功能和特点

腾讯问卷不仅可以帮助调查者解决实际问题、提高工作效率、降低调研成本，而且系统稳定性好，便于操作，有丰富的素材模板可以借鉴，可以安全升级等。腾讯问卷的基本功能与特点概括如下。

（1）以解决实际问题为宗旨。腾讯问卷专注于解决实际问题，且经过长期探索，形成了一整套完善的问卷模板，从客户满意度调查到产品测试，从产品调查到市场调查应有尽有。腾讯问卷还深入互联网、食品保健、生活商业、娱乐等多个领域，不管调查者要解决的问题位于哪个行业，都可以有较好的应对方案。

（2）云服务支持。借助于云服务，多名用户可以同时编辑同一份问卷，还可以实现回收数据的在线分析。

（3）所见即所得的操作模式。只要通过拖、拉、连等极其简便的操作方式，一份专属于调查者的调查问卷就可以顺利成型。另外，问卷的预览功能可以让用户清晰地看到问卷生成后的实际效果，方便了问卷的检查修改。

（4）安全升级，流畅运行。针对用户信息泄露严重、安全隐私没有保障的弊端，腾讯问卷进行了优化和升级。如腾讯问卷提倡用户使用QQ、微信号作为登录账号，不提供注册功能；腾讯问卷平台表示在未经法律或有关部门要求、用户同意等情况下，绝不会向第三方公开或透露用户个人信息；腾讯问卷平台还会对可疑问卷做红条警示提醒。

（5）场景升级，契合各领域调研需求。腾讯问卷在使用场景上为用户提供了多方式创建和编辑问卷的功能，且各行业都有对应的热门模板，便于用户个性化选择和个性化设计。

（6）价值体验升级，多终端平台自适应。腾讯问卷采用的是线上问卷系统，所有功能全部免费，企业用户可随时开启问卷调研统计。完成调研后，参与者还可加入回答小组，获得奖励红包等惊喜礼物。特别是腾讯问卷平台可自动适应电脑、手机、平板电脑终端，用户可随时随地发起调研并统计调研结果。

三、操作指南

腾讯问卷是在线制作，无须下载。打开浏览器，在地址栏输入https://wj.qq.com/进入官网首页（图8.22）。腾讯问卷未提供注册功能，用户可使用QQ、微信账号登录。

图8.22　腾讯问卷登录界面

（一）问卷创建

腾讯问卷有三种创建方式，分别是创建空白问卷、选择问卷模板、文本编辑问卷。用户可根据情况选择最合适的方式来创建问卷。创建空白问卷，是指直接创建一份没有任何信息的空白问卷；腾讯问卷平台共提供了调查、测试、满意度三种场景模板，还有互联网、生活商业、食品保健等六种行业模板供用户使用，用户可以通过使用场景+行业+搜索的三重组合筛选功能，快速找到所需模板；如果已采用Word文档或TXT文档设计好问卷，可使用"文本编辑器"导入问卷文本直接生成在线问卷。下面以创建空白问卷为例讲解操作过程。

（二）问卷设置

在平台首页单击"创建问卷"或"立即使用"，进入问卷创建页面，单击"开始"，跳转至问卷编辑界面（图8.23）。
单击问卷编辑页左上角"设置"菜单，出现问卷设置对话框页面（图8.24）。

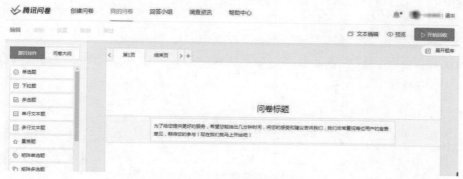

图8.23 腾讯问卷编辑界面

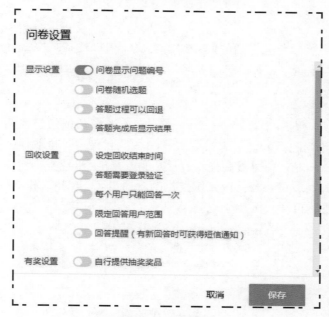

图8.24 问卷调查

1. 显示设置

显示设置包含四方面的内容设置：问卷显示问题编号（回答问卷时，显示每道题目对应的编号）、问卷随机选题答题过程可以回退（设置后，回答问卷时会显示"下一页"和"上一页"，可以返回修改；若不设置，则不能返回）、答题完成后显示结果（完成问卷提交后，可以查看到整份问卷的统计结果）。

2. 回收设置

回收设置包含五方面的内容设置：设定回收结束时间（问卷会在设定的结束时间暂停回收，之后的数据提交不再记录）、答题需要登录验证、每个用户只能回答一次（回答问卷需要登录QQ或微信账号，而且每个账号只能回答一次问卷，不能重复提交）、限定回答用户范围（可以设置白名单，只允许白名单内的用户答题）、回答提醒（问卷有新回答时问卷管理者可获得短信通知）。

3. 有奖设置

有奖设置选项可以设置回答完问卷系统自动抽奖，还可对奖项、活动时间、发奖方式、中奖概率等进行设置。

4. 协同编辑

为方便一份问卷的多人管理，腾讯问卷实现了协同编辑功能。单击"设置协助管理员"会弹出设置对话框，可通过添加QQ账号或将微信二维码发送至协作者来添加协助管理员，以对问卷编辑、统计等协同管理，一份问卷可添加多个协同管理员。

（三）编辑问卷

腾讯问卷提供了简单、灵活的问卷编辑方式，可以便捷地完成问卷的标题、欢迎语、题目、题型、逻辑、结束语等的编辑，快速完成问卷的编辑工作。

1. 欢迎语和结束语编辑

在问卷的开头应有一个对调查目的、意义及有关事项的解释说明。其主要作用是使被调查者了解调查的目的，引起被调查者的重视和兴趣，争取他们的支持和合作。在问卷结尾部分，一般还应对被调查者表示感谢或是提醒问卷已结束。

在问卷编辑界面，可自行修改系统提供的欢迎语（图8.25）和结束语（图8.26），支持文字样式设置，可插入图片、超链接等。

图8.25　欢迎语的编辑

图8.26　结束语的编辑

2. 题目编辑

该部分是调查问卷的核心部分，包括了所要调查的全部问题，是调研主题所涉及的具体内容。腾讯问卷为用户提供了单选、多选、下拉、填空、矩阵、量表、排序等多种题型。

（1）单选题。单选题是最常见的测评题型，单选题的编辑比较简单。具体操作过程如下。

①插入选择题。选择左侧栏中的"单选题"控件进行编辑（图8.27）。

图8.27 选择"单选题"控件

②编辑题目选项内容。在题目文本框中输入"请问您目前最常使用的手机操作系统是？"题目类型为"单选题"，设置为必填题。在"选项"框中输入各选项的文本。另外，单选题中的其他选项，可以通过单选题型与填空控件组合进行编辑（图8.28）。

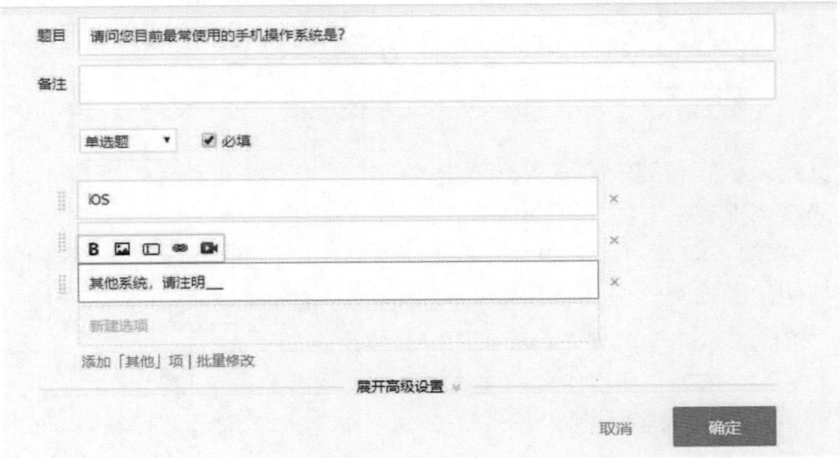

图8.28 单选题编辑

③预览效果。问卷编辑完成后，单击"确定"即可（图8.29）。

图8.29　单选题完成样例

（2）下拉题。下拉题可用于预约服务表、信息登记等场景。下拉题的具体操作如下。

①插入下拉题。选择左侧栏中的"下拉题"进行编辑。

②编辑题目选项内容。在"题目"文本框中输入"预约门店"，题目类型为"下拉题"，设置为必填题（图8.30）。

图8.30　下拉题的编辑

③预览效果。问卷编辑完成后，单击"确定"，系统自动标识下拉题为"--请选择--"，问卷调查者单击展开下拉菜单后，可以逐层选择（图8.31）。

（3）多选题。问卷调查常会通过多选题考察用户在某个方面不同层次的情况，如对某个产品使用的满意情况、各功能的使用情况、需要改进的功能等。多选题可用在产品调研、餐厅菜单、考试测评等场景中，具体操作如下。

①插入多选。选择左侧栏中的"多选题"进行编辑（图8.32）。

②编辑题目选项内容。在"题目"文本框中输入"您是从什么途径知道腾讯问卷的？"，题目类型为"多选题"，设置为必填题。在"选项"框中输入各选项的文本，另外多选题中的其他选项，可以通过多选题型与填空控件组合进行编辑（图

8.33）。

图8.31　下拉题完成样例

图8.32　选择"多选题"控件

图8.33　多选题编辑

③预览效果。编辑完成后，单击"确定"按钮，系统自动标识 "多选题"题型，提示问卷被调查者作出多项选择（图8.34）。

（4）单行文本题。单行文本题可限定问卷被调查者能够输入的最大字符数和文本验证格式。其中通过文本验证，可以限定被调查者填写身份证号码、QQ号码、手机号码等，防止答者乱填、误填的现象，提高问卷回收的有效性。单行文本题可用在活动登记表、教学信息录入等场景中，具体操作如下。

①插入单行文本题。选择左侧栏中的"单行文本题"进行编辑（图8.35）。

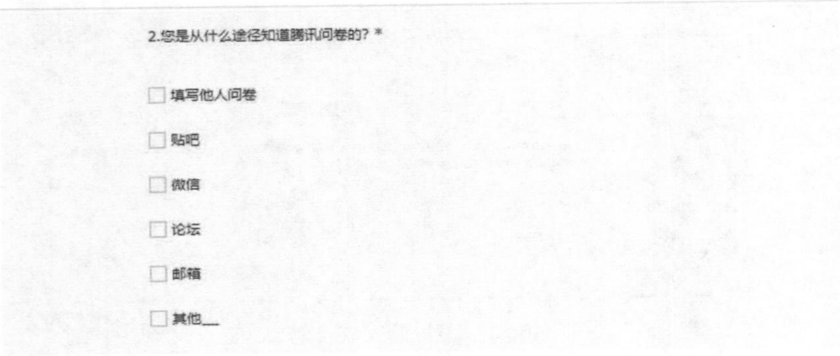

2.您是从什么途径知道腾讯问卷的？ *

☐ 填写他人问卷

☐ 贴吧

☐ 微信

☐ 论坛

☐ 邮箱

☐ 其他＿＿

图8.34　多选题完成样例

图8.35　选择"单行文本题"控件

②编辑题目选项内容。在"题目"文本框中输入"手机号码"，题目类型为"单行文本"，设置为必填题。单击"展开高级设置"，可设置单行文本能够容纳的字数和文本验证类型（图8.36）。

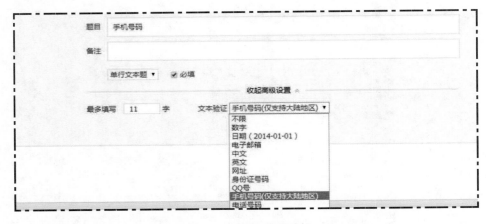

图8.36　单行文本题编辑

③预览效果。编辑完成后，单击"确定"，系统会根据文本验证智能识别，提示被调查者按照文本格式填写，呈现如图8.37所示效果。

图8.37 单行文本题完成样例

小提示

多行文本题与单行文本题的操作大致相同，不同之处在于多行文本没有字数的限制，可以设定任意高度的文本框。一般多行文本题用来设置简答题或陈述意见题。

（5）量表题。量表题通过数字区间值选择来衡量被调查者的态度，选择范围从极端态度到相反的极端态度，例如从非常不满意0分到非常满意10分。不同于简单的是非题，量表题可反映出被调查者意见在程度上的差别。量表题一般用来调查用户的产品满意度、服务满意度等。具体操作如下。

①插入量表题。选择左侧栏中的"量表"控件进行编辑（图8.38）。

图8.38 选择"量表"控件

②编辑题目选项内容。在"题目"文本框中输入"总体来说，您对腾讯问卷满意度是？"，题目类型为"量表题"，设置为必填题。量表类型提供6个类型：满意度、认同度、重要度、愿意度、符合度和自定义设置类型（图8.39）。"量表范围"的量度为2~100。

图8.39 量表题编辑

③预览效果。编辑完成后，单击"确定"，呈现如图8.40所示的效果。

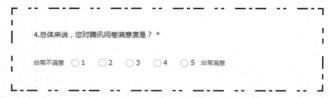

图8.40　量表题完成样例

（6）矩阵单选题。矩阵单选题是将同类的多个问题和答案排列成一个矩阵，由问卷被调查者对比后进行单项选择。此法适用于市场调研、员工评估、用户研究等场景。

①插入矩阵单选题。选择左侧栏中的"矩阵单选题"进行编辑（图8.41）。

图8.41　选择"矩阵单选题"控件

②编辑题目选项内容。在"题目"文本框中输入"您对李四员工的总体工作满意度是？"题目类型为"矩阵单选题"，设置为必填题，"问题管理"为矩阵单选题的横向坐标内容，"选项管理"为矩阵单选题的纵向坐标内容（图8.42）。

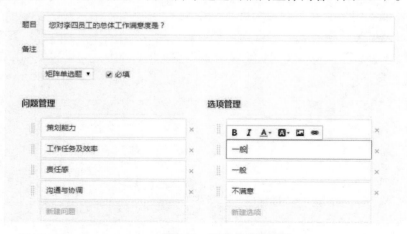

图8.42　矩阵单选题编辑

单击"批量修改"，可以快速修改问卷文本，有效提升问卷编辑工作。

③预览效果。编辑完成后，单击"确定"，呈现如图8.43所示的效果。

图8.43　矩阵单选题完成样例

小提示

　　矩阵多选题是将同类的多个问题和答案排列成一个矩阵，由问卷被调查者对比后进行多项选择，适用于进行多变量分析、研究产品特性及其关联因素等方面。其操作与矩阵单选题类似，这里不再赘述。

（7）矩阵量表题。矩阵量表题是将同类的多个问题和答案排列成一个矩阵，通过数字区间值进行衡量评分，适用于绩效考核、满意度调研等场景。

①插入矩阵量表单选题。选择左侧栏的"矩阵量表"进行编辑（图8.44）。

图8.44　选择"矩阵量表"控件

②编辑题目选项内容。在"题目"文本框中输入"请对员工的工作态度作出评分"，"矩阵量表"为题目类型，"问题管理"为矩阵量表题的横向坐标内容，"量表管理"为矩阵量表题的"量表类型"与"量表范围"。"反转"可以让数值排序实现对调。数值一般默认为以从低至高的方式排列，如果问卷题目设计者希望以从高至

低的方式展示，即可单击"反转"将顺序倒置。使用"问题引用"设置，可以有针对性地对前面多选题中的几项答案进一步作出调查（图8.45）。

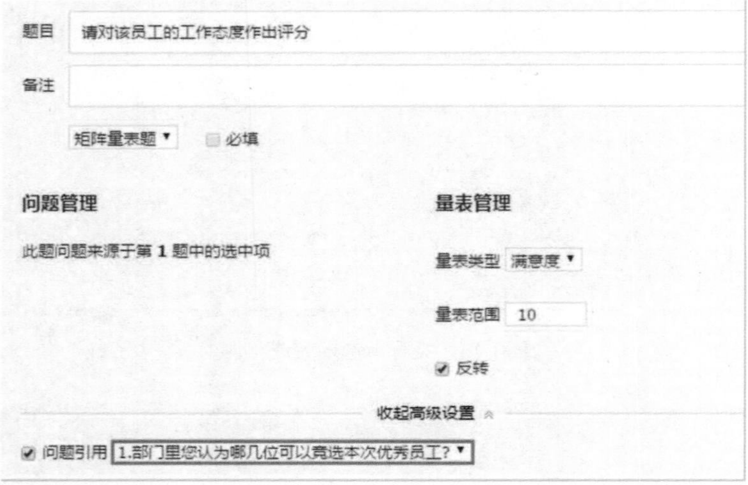

图8.45　矩阵量表的编辑

③预览效果。编辑完成后，单击"确定"按钮（图8.46）所示的效果。可以看到，若在题1中只选择了张三、李四，则题2中的答题选项只会针对这两名员工，其他选项不会出现。

图8.46　矩阵量表完成样例

（8）排序题。排序题要求将若干选项按照一定的标准依次排列，可以同时了解被调查者对多个选项的态度倾向。被调查者用拖动式填写即可完成排序。排序题在产品调研、趣味测试中应用居多。

①插入排序题。选择左侧栏中的"排序"控件进行编辑。

②编辑题目选项内容。在"题目"文本框中输入"请您对选择在线问卷平台的考虑因素进行排序"，题目类型为"排序题"，（图8.47）。

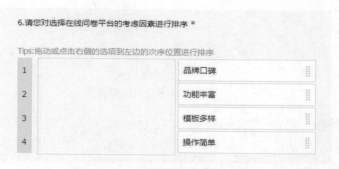

图8.47　排序题的编辑

③预览效果。编辑完成后，单击"确定"按钮，呈现如图8.48所示的效果，拖动右侧的选项到左侧相应的次序位置进行排序，即可完成答题。

图8.48　排序题完成样例

（9）联动题。联动题可实现多级分类、因素关联分析等，并且可自由编辑多级联动下拉，每级的选项关系为总分关系，即第一级的选项可以细分到第二级选项。联动题适用于地域、大学、专业等场景。

①插入联动题。选择左侧栏中的"联动题"进行编辑。

②编辑题目选项内容。添加题目，可以从第一级开始逐项编辑，选中之后可以添加编辑该选项的下一级，也可以批量修改添加，格式请参照"查看示例"（图8.49）。

③预览效果。编辑完成后，单击"确定"按钮，即可预览（图8.50）。

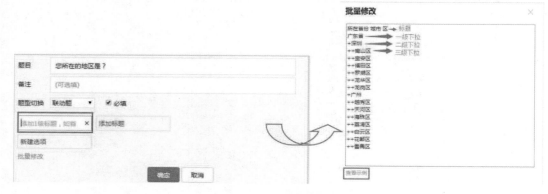

图8.49　联动题的编辑

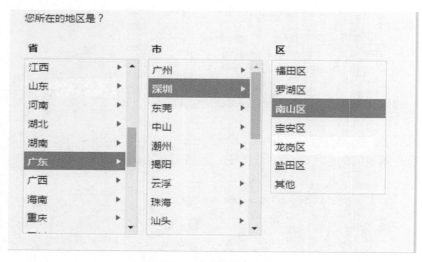

图8.50　联动题完成样例

（10）附件题。问卷作为收集数据的工具，不仅局限于文字、选项，很多时候还需要收集答题者的作品、简历、图片、文件等，附件题可以轻松收集文件数据。附件题多用于人事招聘、活动表单等场景。选择题目控件中的"附件"，插入附件题。添加题目，单击"确定"按钮即可完成附件题编制。

> **小提示**
>
> 　　一个附件题只能收集一个附件，附件有大小限制。如果有多个附件，请设置多个附件题。

（11）填空题。填空题适用于收集基本信息、报名、教学测验等场景。

①插入填空题。选择题目控件中的"填空题"进行编辑，在"内容"框中输入题目，下划线是给答题者填写内容的地方。如果想再添加下划线，单击"▭"按钮即可。

②填空设置。当设置一份有关收集基本信息的问卷，涉及标准范围时，可将鼠标指至"＿＿"（空格线）处，单击弹出"填空设置"对话框。在对话框中，通过"文本验证"下拉选项，可选择相应的限定范围（图8.51）。

图8.51 "填空设置"对话框

小提示

在填空题里，每个"＿＿＿"（空格线）都会给出填空题设置。在文本验证处有相应的选择：数字、日期、电子邮箱、中文、英文、网址、身份证、QQ号、手机号码、电话号码。这些设置能够为答案限定精准的范围，防止答者乱填、误填的现象，提高问卷回收的有效性。

（四）问卷预览

问卷编辑完成后，可以通过预览来检查问卷编辑效果，也可以将问卷链接或二维码发送给其他人进行检查确认，从而保证问卷的准确性。

单击问卷编辑页右上角"预览"可看到两种终端预览方式："电脑预览"和"手机预览"。问卷会根据不同的终端（电脑/手机）自适应。在预览页单击"分享"可将问卷发送给其他人查阅。

（五）管理问卷

问卷制作完成后，可以通过对问卷的复制、编辑、删除、发布、统计、导出、分享等功能，实现对问卷的全面管理。

1. 视图管理

"我的的问卷"页面中问卷的视图展示方式分为网格视图和列表视图。两种视图可自由切换，网格视图模式下可清晰看到所有问卷的概览和状态情况。列表视图模式下可对问卷、状态、回收量进行排序。

（1）问卷。按标题名称顺序、倒序排列。

（2）状态。暂停回收和正在回收状态排序。

（3）回收量。按回收量从高到低，或从低到高排序。

（4）创建时间。按创建时间顺序、倒序排列。

2. 状态管理

腾讯问卷将问卷状态简化为暂停回收和正在回收两种。

（1）暂停回收。指问卷为草稿或已关闭，即填写者无法打开本问卷（红色小圆点标示）。

（2）正在回收。指问卷已生成有效链接，即被调查者可以通过链接回答问卷（绿色小圆点标示）。

3. 操作管理

在列表或网格视图下，单击操作 ··· 按钮，即出现问卷管理功能菜单。选择对应功能即可完成对本问卷的操作（图8.52）。

图8.52　问卷管理

（1）开始回收。打开回收和关闭回收的操作管理。

（2）分享问卷链接。打开该问卷对应的链接、二维码及社交分享的管理。

（3）导出TXT。导出问卷对应的文本内容。

（4）统计分析。问卷回收数据在线分析和数据下载的管理。

（六）发布问卷

问卷编辑完成后，可以开始投放。腾讯问卷可以通过问卷链接、社交分享、网站嵌入进行投放。分享问卷有四种方式。

（1）复制"回收链接"网址将其转发到朋友圈、微信、QQ等社交平台。

（2）复制"网站嵌入"代码，如有自己开发的网站，可将问卷内嵌到网站中。

（3）直接选择"社交分享"的QQ、微信、微博直通道，将问卷直接分享。

（4）下载二维码。问卷选择回收后会生成专属二维码，将其下载下来转发至社交平台。

（七）数据分析

腾讯问卷可以对问卷回收数据实时统计并以图表方式展示，还可以通过选项、时间筛选，进行选项变量之间的交叉分析。

在问卷统计分析页，可实时查看问卷的回收数据统计情况（图8.53）。

图8.53　问卷统计分析

🕐 回收概况。可查看问卷浏览量、回收量、回收率、平均完成时间、回收来源、地域分布。

📋 样本数据。可按时间筛选查看数据、过滤重复IP、单份问卷查看/编辑/删除、导出原始Excel、SPSS表格数据。

◗ 统计图表。可进行统计结果导出（含小计和百分比）、单题统计图形导出等，还可以直接在线打印问卷统计结果。

除了查看完整问卷统计结果之外，还可以根据特定的条件进行筛选分析和交叉统计。

四、常见问题

（1）腾讯问卷支持使QQ账号和微信账号登录平台创建问卷，两个账号之间创建的问卷不作关联。

（2）目前腾讯问卷的使用是免费的，没有区分企业与个人，所有功能都向用户开放。

（3）腾讯问卷平台发布问卷数量、问卷回收样本量都无限制，可以放心使用。

（4）腾讯问卷的回收时间可以自己设置，只要不删除问卷，默认为永久有效。

（5）腾讯问卷目前只支持设置单选/多选题型为考试题目，只能对单个题目设置得分值。

（6）腾讯问卷提供主题和背景设置功能，主题目前主要有默认、企业、通用和新年四种可选，背景可以自定义上传图片作为背景。

第九章　H5页面

　　新媒体时代，信息的分享与传播更加快速与便捷。传统的沉闷阅读方式越来越被厌倦，受众希望看到信息以更生动、更形象、更精练的形式加以呈现。为适应这种变化，以第5代超文本标记语言（HTML）页面为代表的可视化传播方式率先在网络新闻领域兴起。H5，全称为HTML5，是指第5代HTML，也指用H5语言制作的一切数字产品。我们上网所看到的网页，多数是由HTML写成的。目前，H5页面主要有活动运营型（邀请函、贺卡、测试题）、品牌宣传型、产品介绍型和总结报告型4种类型。简单图文、礼物/贺卡/邀请函、问答/评分/测试是H5页面的主要形式。H5页面开发简单，传播效果好，给受众带来了新奇的阅读体验。

　　目前，专注于H5页面制作的平台比较多，本章主要介绍兔展、微学宝、易企秀和MAKA。

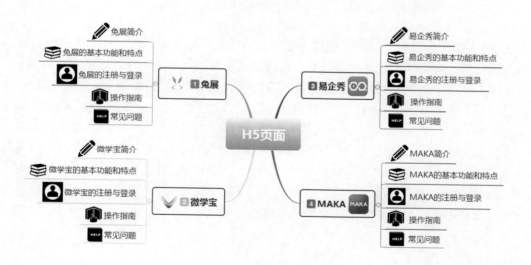

兔　展

一、兔展简介

兔展是深圳兔展智能科技有限公司旗下产品，是免费的H5页面生成平台。兔展简化了用户展示创意的方式。用户只需通过电脑端、移动端简单操作，便可将图文、音乐、动画等多种要素融合，制成个性化的专属展示页面，并可随时监测传播效果。

二、兔展的基本功能和特点

兔展是一种微场景应用的在线制作工具，能够让用户像制作PPT一样制作移动展示。兔展的基本功能与特点可概括为六大方面。

（1）免费注册，提供多种登录方式。兔展提供免费注册服务，支持手机注册和微信、QQ、微博第三方软件直接登录。

（2）操作便捷，技术门槛低。兔展的操作不需要编码语言，大多采取一键化操作，上手快，技术门槛低，易懂易操作。

（3）素材丰富多样。兔展提供了大量的适用于企业招聘、企业宣传、个人简介、相册、教育/培训等多场景的精美免费模板。

（4）功能多，交互性好。兔展提供形式多样的互动效果，能让展示更具吸引力。在互动库中，有一键拨号、指纹计数、地图、点赞等多种多样的互动形式。

（5）支持多平台传播。兔展制作出的H5页面可在QQ、微信等第三方平台进行传播，并可以生成专属的作品二维码，也可下载进行分享。

（6）快速加载。兔展页面加载快，技术有保障，可以确保展示效果随时呈现。

兔展可使用在多种场景下，在生活中，利用兔展可以制作婚礼邀请函、新年祝福手册、产品宣传页、相册等作品；在教学中，兔展可以作为教师制作微课的得力工具，为传统的PPT增添有趣的交互，激发学生学习兴趣。最重要的是，H5微课作品支持移动设备播放，与目前的移动式学习方式相适应。

三、兔展的注册与登录

兔展作为一种在线H5生成平台，在使用时不需要下载任何客户端，可直接在浏览器的地址栏输入http://www.rabbitpre.com/ 访问官网，进入平台首页（图9.1）。

图9.1　兔展注册登录界面

　　单击首页"注册"按钮，用手机号注册，也可用QQ、微信等第三方软件直接登录。
　　H5技术在谷歌浏览器里能带来更佳的创作体验，建议用户使用谷歌浏览器进行操作（使用其他浏览器，部分编辑功能可能无法实现）。

四、操作指南

　　登录后，页面跳转到"免费模板"，可以看到兔展模板库中含有场景模板、一页模板、视频模板等多类型模板。场景模板提供了许多不同用途的优秀模板，一页模板主要用来制作宣传页、招聘广告等，视频模板可以用来制作宣传片或制作图片展示视频等。用户可以根据需求来选择合适的模板，当然也可以通过空白模板自定义创建。下面我们就以空白模板为例，制作微场景作品。

（一）操作界面及主要工具

　　首先，在"场景模板"列表中，选择"空白模板"，进入编辑页面（图9.2）。

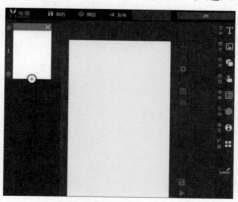

图9.2　兔展操作界面

　　兔展的操作界面很简洁，主要包括菜单栏、预览区、中心编辑区和工具栏4个部分。其中，工具栏是核心部分。它所包含的工具是集成作品的基础，所以认识工具栏是必要的。工具栏既包含基础的文本、图片、形状工具，又带有按钮、表单、互动等交互性工具。

T 文字。兔展字体库提供了7种字体样式，如果满足不了需求，还可将本地字体添加到字体库中。为了使得文本活泼生动，兔展提供了多样化的文本动画效果，另外文本还可当作触发器来使用。

图 图片。图片库分门别类地按照不同行业领域划分为18种类型，其中包括背景、节日、商业、邀请函、促销、艺术字等。除了可以使用图片库中的图片外，兔展还支持用户上传、使用自己的图片。

形 形状。形状库中包含了基本形状、节日祝福、花纹边框、个性标签等多种形状样式。可以根据需求选择合适的形状来装饰页面。

按 按钮。主要用来添加超链接，实现页面跳转，如添加微博链接、官网链接、淘宝链接等。

表 表单。允许用户在表单中输入并提交文本信息的功能组件，用户提交的信息可以在账户栏目下的表单数据中显示。表单中，可以自定义每个选项的名称和项目的数量。

互 互动。主要实现页面交互性、趣味性功能。兔展提供了一键拨号、指纹计数等多种交互工具，选择适当的交互形式可使得页面更加活泼、生动。

音 音乐。主要起到烘托气氛的作用，适当的背景音乐会增添作品的表现力和感染力。兔展有自己的音乐库，当然也可以上传自己下载的音乐文件作为背景音乐。

下面就以制作宣传页为例，具体介绍各个工具的使用方法。

（二）添加图片

1. 插入图片

单击工具栏中的"图片"按钮，在图库中选择合适的图片，也可以进入"我的图库"单击"上传图片"，将本地图片进行上传。这里选择自己上传的3张图片，将各图片调整至合适的尺寸和位置（图9.3）。

2. 调整图片属性

以背景图为例，选中图片，弹出图片属性面板（图9.4）。通过属性面板可以为图片设置边框，加入烟花、雨滴等特效，还可以对图片一键设置黑白、复古等滤镜效果。图片的透明度、旋转角度都可在这里更改。同样的方法，可以对其余两张图片进行美化。

3. 添加动画

兔展的动画库提供了和PPT类似的入场类、强调类和退出类三种动画类型。与PPT不同的是，兔展的动画效果动感性更强，视觉效果更好。

制作背景图片的动画特效。在属性面板中选择"动画"选项，在动画效果中，选择"入场类"中的"从下淡入"（图9.5）。最后单击菜单中的"预览"按钮，查看制作效果。

图9.3　插入图片

图9.4　调整图片属性

图9.5 为图片添加动画

（三）添加形状

兔展提供了基本形状、节日祝福、商务公关、花纹边框等多种形状样式。这些形状都是矢量图，任意地放大缩小都不会失真。除基本的线条、形状组合图形外，兔展的形状库中还有很多富有艺术性的创意图形。例如，节日祝福形状库中有关于端午节、情人节、儿童节、春节等节日祝福形状；花纹边框在H5页面中可以起到很好的装饰作用，使用频率很高，兔展目前包含上百种花纹边框形状，制作者可以根据需求选择合适的花纹边框。

这里我们选择基本形状中的线条形状。

1. 插入线条形状

在工具栏中选择"形状"按钮，在"基本形状"列表下，单击选择直线线条形状（图9.6）。

2. 调整线条属性

选中添加的线条，弹出线条的属性面板，可以通过属性面板调整线条的颜色、填充色、边框颜色、透明度以及线条的高度和宽度。重复本步骤创建4条线条，并调整它们至合适的位置（图9.7）。

3. 添加动画

参照上述对图片添加动画的步骤，为各个形状添加动画时，为使动画效果更灵动，可通过动画属性面板中的"时间"和"延迟"来设置各个对象动画出现的顺序。以线条形状为例，动画参数如下（图9.8）。

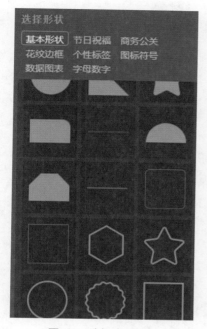

图9.6　选择直线线条

图9.7　调整线条属性

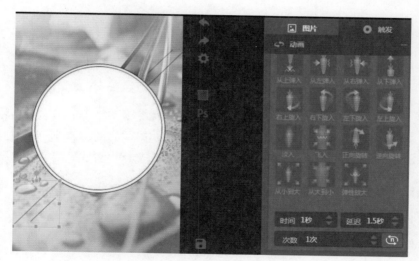

图9.8　为形状添加动画

（四）添加文本

1. 插入文本

单击工具栏中的"文字"按钮，在编辑区会出现文本输入框，输入文本即可。同样的方法，可创建多个文本框。

2. 调整文字格式

选中文本，弹出文字的属性面板，调整文字的颜色、字体样式和字号等属性（图9.9）。

图9.9　添加文本

此外，如需自定义字体。首先需要将下载的字体安装到C:\\Windows\\Fonts文件夹下。然后，在文字组件中单击"+"按钮，再单击"确定"按钮，兔展会自动扫描电脑中新安装的字体，并将其纳入自己的文字库中。最后，把文字设置成想要的字体即可。

3. 添加动画

参照上述为图片添加动画的步骤，为各个文本添加动画，并通过动画属性面板中的"延迟"属性调整文本的出场顺序。

（五）添加按钮

"按钮"是工具栏中的交互性工具之一。"按钮"可用作命令按钮，可以添加超链接，实现页面跳转。这里，我们添加一个带有"进入店铺"字样的按钮，并为其设置一个商品链接，当单击此按钮时页面自动跳转。

1. 插入按钮

单击工具栏中的"按钮"工具，如在编辑区出现带有填充的矩形，说明按钮添加成功。

2. 调整按钮属性并添加链接

链接的添加是通过"按钮"的属性面板来设置的。单击"按钮"标签，弹出"按钮"属性面板，可以更改按钮上的文本、按钮的颜色以及按钮的透明度等属性。在链接类型中选择"链接"，在下方的文本框中输入商品链接网址的参数（图9.10）。

图9.10　添加按钮

3. 为按钮添加动画

参照上述为图片添加动画的步骤，为按钮添加动画。

（六）添加指纹计数

兔展提供了点赞、留言、指纹计数等6种互动工具。指纹计数常常被用来记录某些单击次数，这里用来表示进入店铺的人数。

单击互动工具中的"指纹计数"按钮，在弹出的指纹计数属性面板中调整填充色和提示语，设置参数（图9.11）。

（七）添加表单页面

表单作为高级交互工具，在H5页面中使用频率极高，主要用来收集用户信息。这里我们创建表单来收集用户的姓名、手机、邮箱等信息。兔展提供了报名表、下拉菜单、单选、多选等多种表单样式，可根据需要选择应用。

1. 添加新页面

在左侧的预览区中，单击 ⊕ 按钮即可创建新页面，在新页面中可添加背景图片。

2. 添加输入框

选择工具栏中的"表单"按钮，选择"输入框"表单样式，在属性面板中更改其属性。同样的方法再创建三个输入框（图9.12）。

图9.11　指纹计数

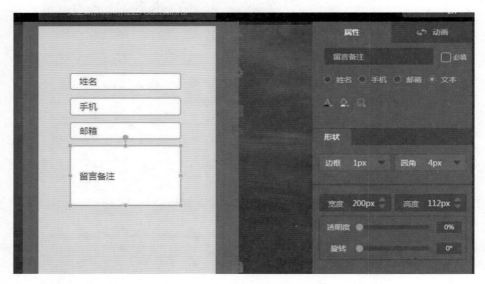

图9.12　添加输入框

3. 添加提交按钮

选择工具栏中的"表单"按钮，选择"提交按钮"表单样式，在属性面板中更改其属性，设置参数（图9.13）。

4. 为对象添加动画

为各个对象设置动画并调整好每个对象的出场顺序。

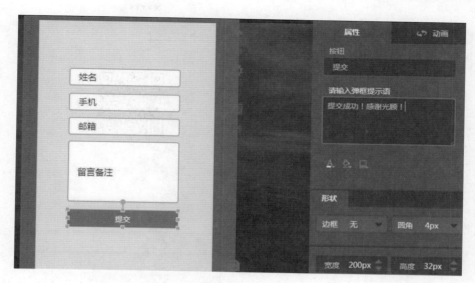

图9.13 添加提交按钮

（八）添加背景音乐

在H5场景中音乐的加入是必不可少的。舒适的音乐会营造轻松的气氛，气势磅礴的音乐会营造宏伟肃穆的气氛。音乐在很大程度上会影响浏览者的情绪，烘托氛围，比如在节日祝福场景中可以加入比较欢快、喜庆的音乐。

兔展提供了商务、欢快、宏大、节日、安静、古典、抒情7种风格的音乐。单击工具栏中的"音乐"按钮，在音乐列表中选择合适的音乐即可。

（九）作品的发布及播放

作品制作完成后，可以先预览作品的效果，然后单击菜单栏下的"发布"按钮，弹出发布对话框，更改作品名称和作品封面等相关信息后，单击"保存和分享"按钮，页面跳转至作品分享界面（图9.14）。作品发布后，会生成该作品的二维码和页面链接。打开微信扫描二维码或者利用页面链接就可实现作品的移动端或电脑端播放。我们可以下载二维码或复制链接，将其分享给他人，也可直接将作品分享至微信、QQ、微博等第三方平台。

（十）作品的修改

当作品需要二次编辑时，可通过用户中心的作品管理来查找作品。单击首页右上角的"用户中心"，可以实现对已制作作品的编辑、查看、下载、复制、删除等操作（图9.15）。

图9.14　作品的发布及播放

图9.15　作品的修改

✐ 编辑。再次进入作品的编辑界面，可继续修改作品。

☰ 表单。当制作的作品中有用到收集用户信息的表单功能，或有使用需要用户提交内容的工具时，可进行用户信息或者提交内容的查看。例如，在作品中需要收集用户的姓名、电话等基本信息，用户填写之后，可在表单数据后台进行查看（图9.16）。

图9.16　表单数据后台

✿ 设置。对作品的标题、封面、分类等基本信息进行再次修改。

⊯ 数据。作品每被分享一次，系统会自动记录被分享的次数以及作品的总浏览次数。不仅如此，兔展还提供了更加丰富的数据分析功能，能够对数据进行浏览分析，还能对作品进行传播评价、传播地域分析等（图9.17），以此让制作者能够全面了解作品的传播效果。

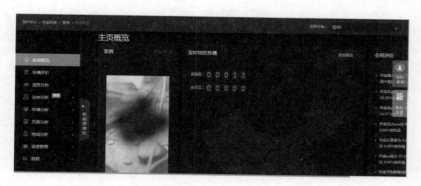

图9.17 自动记录数据

作品下载。单击图9.15中▼按钮，在下拉列表中选择"作品下载"可将该作品存为HTML网页格式（图9.18）。该格式可视为作品的源文件格式。双击该源文件即可立即进入作品的编辑界面。

图9.18 作品下载

以上就是一个H5微场景作品从制作、发布到播放的全部过程了。在制作作品时，除了以上基本工具外，兔展还有扩展工具和触发器功能有待大家自行探索！

五、常见问题

（1）图片上传过程中可能会出现卡顿现象，可下载最新版的谷歌浏览器后再上传。

（2）图片的大小需控制在1MB以内，格式可以是JPG、PNG、GIF。

（3）由于手机的种类繁多，不同品牌、不同种类手机的屏幕分辨率可能也会存在差异，因此兔展官方建议用作背景的图片大小为640像素×1008像素，分辨率为72。

（4）可以借助一些图片编辑工具（如PhotoShop、美图秀秀等），做背景透明处理，将素材保存为PNG格式，然后上传兔展使用。

微 学 宝

一、微学宝简介

微学宝是一个专注于移动端微课开发的免费H5页面制作平台，由上海汇思公司研发。微学宝简单易用，即便零基础用户，也可以快速创建出属于自己的微课，并且支持多终端跨屏展示，非常便捷。

二、微学宝的基本功能和特点

微学宝不仅突破了微课制作操作复杂、成本高、周期长、兼容性差等难点，而且功能齐全，提供了多种多样的素材模板。

微学宝基本功能和特点可概括如下。

（1）操作简单、方便快捷。微学宝工作界面友好，布局合理，操作便捷，内容编辑简易、高效，组件和素材可以拖到编辑框以外进行编辑。支持电脑、手机等多客户端操作，可以随时随地进行动画制作。

（2）功能强大，模板多样。微学宝具有声画同步、在线文字转语音、一键导入PPT、表单、长图文、课件包导出、自定义加载Logo等功能，可以满足用户不同需要。

（3）丰富的模板与素材。平台自带大量免费模板、素材，按不同用途、不同功能、不同风格分类，方便选择。

（4）轻松分享。微课制作可实现一键发布，支持社区化交流与分享。

三、微学宝的注册与登录

打开浏览器，在地址栏输入http://www.vxuebao.com/进入官网。单击"注册"按钮，使用手机号或邮箱注册个人账号，注册完成后需要等待人工审核（图9.19）。

平台支持第三方登录（推荐登录方式），单击"登录"按钮，可选择QQ登录，在登录页面利用QQ手机版扫描二维码，即可登录（图9.20）。

图9.19　微学宝的注册登录界面

图9.20　微学宝第三方登录方式

四、操作指南

登录后，进入微学宝个人账户页面。页面内有我的微课、模板中心、PPT导入、长图文等功能板块。"我的微课"包括自己要创建的微课和已经创建好的微课信息等，如微课统计、微课展示、微课收集等信息，用户可以在这里创建自己的微课。"模板中心"是素材库，提供了各行各业许多模板样式供用户选择，用户可以选择套用整个模板或单页模板，也可以选择创建空白模板。PPT导入和长图文，这两个功能目前只向企业用户开放，单击"确定"按钮申请成为企业用户才可使用。

（一）操作界面及主要工具

单击 ⊕ 按钮，弹出对话框，在创建微课前，需要先选择微课分类，如行业、企业、个人、节假等，选择后单击"创建"按钮即可进入微课编辑页面（图9.21）。

多字体。提供了多种样式的字体供用户选择。

文本。为页面增加文字内容。

背景。为页面单页设计背景图，确定背景图后会自动铺满整个页面，且不能拖动。

音乐。微课的背景音乐设置，音乐在微课浏览时从头到尾循环播放。

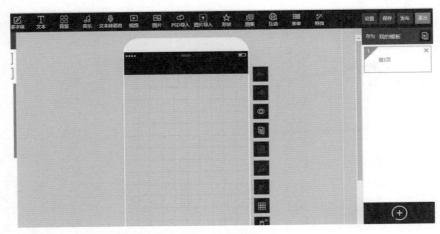

图9.21　微学宝操作界面

　　文本转语音。输入文字（支持中英文），就可以使其转换成语音。

　　视频。在微课中添加视频。

　　图片。在制作中使用、添加图片素材。

　　形状。专供用户选用的形状组件。

　　PSD导入。PSD格式（PhotoShop Document）的文件是一种图形文件格式，使用看图软件（如ACDSee）或图形处理软件（如我形我速、PhotoShop等）可以打开。

　　图集。类似于幻灯片或照片自动播放的功能。

　　互动。互动组件，包括电话、计数、统计、地图、链接等形式。

　　表单。收集、分析信息和数据的工具。

　　特效。为页面添加动画和特效，使微课变得更有趣味性。

　　下面以教师节感恩活动为例，介绍微课制作的基本流程。

（二）添加文字

1. 增加多字体

　　多字体是微课中一个必不可少的组件。它提供了多种样式的字体供用户选择。单击菜单栏中的"多字体"按钮，会自动生成一个文本框，单击选中已生成的文本框，可以将其拖动到编辑框内的任意位置（图9.22）。

2. 编辑文字

　　选中文本框，单击右键，选择"编辑"即可添加文字。如若字体大小、颜色、格式不合适，可右键单击选择"样式"或者在"组件设置"中修改文字大小、文字颜色、背景颜色、文字方向、行间距等，也可清除样式。

图9.22 多字体文本框

3. 添加触发功能

触发是指因触动而激发起某种反应，也可以理解为单击页面中的一个元素，触发出页面中其他元素的出现。选中文本框，单击右键，在下拉菜单中选择"触发"或者在"组件设置"单击"触发"标签，进入触发设置状态，选择被触发素材。

（三）添加文本

文本组件除可以添加超链接之外，其他功能与多字体类似（图9.23）。

图9.23 文本编辑框

1. 增加文本

单击菜单栏中"文本"按钮，会自动生成一个文本框，左键选中已生成的文本框可以拖动到任意位置。

2. 编辑文字

文本基本编辑主要包括修改文字大小、文字颜色、背景颜色、文字方向、段落格式和文字超链接等。选中文本框内的文字，即可对文字进行基本编辑。

3. 添加文字链接/制作链接图标

添加文字链接时，在编辑的时候应先选中需添加链接的文字，再单击"链接"按钮为文字添加链接。添加的链接可选择链接至微课指定页码或者链接至指定网址。

4. 设置文字样式

选中文本框，在"组件设置"中可设置文字的颜色、透明度、边框、阴影、旋转等文字效果。

5. 设置文字动画

动画设置主要包括动画方式、动画时间（播放时间）、延迟时间和动画次数等设置。选中文本，单击右键，在下拉菜单中选择"动画"，或者在"组件设置"中单击"动画"标签，设置动画方式、时长等（图9.24）。此外，页面中添加的图片、文字、形状等元素都可添加动画效果。

图9.24　设置文字动画

6. 添加触发

选中文本，单击右键，在下拉菜单中选择"触发"或在"组件设置"中单击"触发"标签，进入触发设置状态，选择被触发组件，添加触发后单击"确定"按钮，触发设置完成。为"感"字添加触发，当单击"感"字时，则会触发页面中形状1的出现，即图中的礼品盒形状（图9.25）。

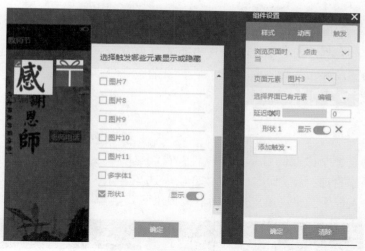

图9.25　添加触发设置

　　页面中添加的所有素材都可以添加触发效果。选中元素，在右边"组件设置"中即可设置该元素的触发效果。

（四）添加背景

　　背景图片为某些情节添加背景衬托。微学宝提供了背景图片库，用户也可以选择上传背景图片，确定背景图后会自动铺满整个页面，且不能拖动。

1. 增加背景

　　单击"背景"按钮进入背景添加页面，选中需要的背景图片，完成背景添加（图9.26）。

图9.26　选择背景

2. 背景修改和删除

如若添加的背景不合适需要删除或者更换其他背景，则单击页面右侧"背景"按钮，在弹出的菜单中单击"更换"可进入背景的编辑界面选择所需背景即可，如需删除则单击"删除"即可。

（五）添加音乐

音乐指的是整个微课的背景音乐设置，在浏览时会从头到尾循环播放。微学宝平台提供了音乐素材库，用户可以直接在音乐库选择音乐，也可以通过本地电脑上传或者添加外链加入音乐，建议用户选择微学宝提供的背景音乐（图9.27）。

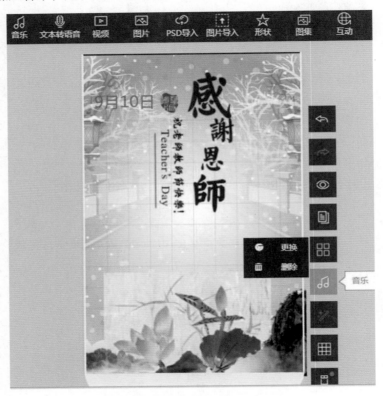

图9.27　背景音乐设置

1. 背景音乐的增加、上传

单击菜单栏中的"音乐"按钮即可进入音乐添加界面。音乐可以从系统自带的"音乐库"选择或用户自己上传音乐，也可以插入网络音乐链接（暂只支持MP3格式的音乐文件）。选择好后单击"设为背景音乐"即可。

2. 背景音乐的更换、删除

单击编辑页面右侧的"音乐"按钮，选中"更换"即可进入背景音乐的编辑界面，重新选择背景音乐添加即可更换背景音乐。单击右侧编辑工具栏中的"音乐"按钮，选中"删除"即可删除背景音乐。

（六）添加视频

单击菜单栏中的"视频"按钮，进入视频添加界面，将"视频通用代码"输入文本框即可完成添加。其中，视频通用代码指的是该视频的地址。

例如，在腾讯视频中打开需要插入的视频，复制网址，然后将视频通用代码粘贴至"视频组件"的文本框中即可（图9.28）。

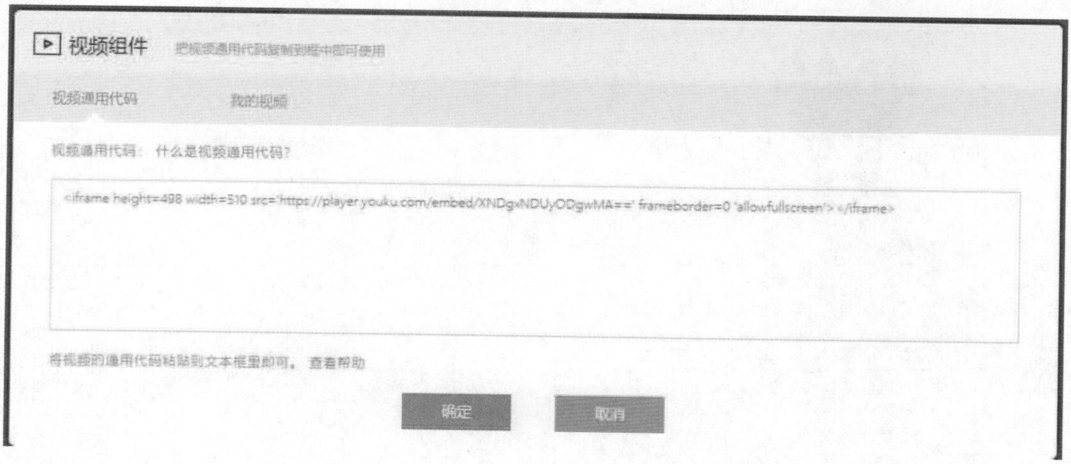

图9.28　视频添加界面

（七）添加图片

微学宝平台提供了图片素材库，用户也可自主上传素材。本地上传的图片大小不能超过3MB，支持的格式包括JPG、PNG、GIF，一次最多可上传6张。

1. 增加图片

单击菜单栏中的"图片"按钮，进入添加图片界面。此处选择图片素材库"人物"图片（图9.29）。

2. 图片的更换、删除

鼠标右键单击图片，在弹出的菜单中选择"编辑"，重新选择照片，完成图片更换。如若图片不合适，则右键单击图片，选中"删除"即可。

3. 图片的编辑

图片编辑主要包括裁剪图片、调整图片大小、移动图片位置。单击图片，图片周围会出现四个圆点，拖动圆点可以对图片的大小进行修改。

图9.29　添加图片界面

4. 设置图片样式

右键单击图片，或者在右侧的"组件设置"对话框中选择样式。样式有基础样式、边框样式和阴影样式3种。基础样式主要包括背景颜色和图片透明度的选择。边框样式主要包括边框尺寸、边框弧度、边框样式、边框颜色和边框角度（旋转）的调整。阴影调整主要包括对边框大小、模糊度、颜色和方向的调整。此外，在"组件设置"中还可为添加的图片设置动画效果和触发效果。

（八）添加形状

添加形状的操作方法与图片相似，可更换形状、删除形状、裁剪形状、移动形状，可设置形状大小、形状样式、形状链接、层次调整，可添加形状的动画效果、触发效果（图9.30）。

（九）添加图集

图集组件是一个在页面可以使图片自动或者滑动播放的组件。

（1）单击菜单栏"图集"按钮，即可进入新增图集界面。可以一次性选择1~6张图片。

图9.30　形状属性设置

（2）单击"添加图片"进入图集编辑页面，图集组件包括图片的增删、选择图集样式、选择是否自动播放、切换动画方式等功能（图9.31）。

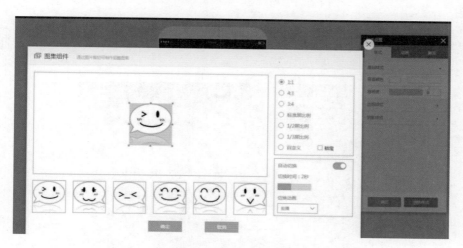

图9.31　图集属性设置

（十）添加互动

互动，包括链接、电话、地图、触发、音效、计数、统计7种形式，可以与用户进行互动交流。以添加电话互动为例，具体操作流程如下。

1. 选择电话互动

单击菜单栏中的"互动"按钮，在弹出的下拉菜单中选择"电话"选项（图9.32）。

2. 电话互动的添加

选择添加电话互动，可以选择电话互动样式，可自定义电话互动的按钮名称，并输入手机号码或者电话号码（图9.33）。

图9.32　选择电话互动选项　　　　　　　图9.33　添加电话互动

3. 电话互动设置

完成后会自动在页面中生成链接，单击页面图标即可拨打电话，并可对图标进行格式设置（图9.34）。

图9.34　电话互动设置

（十一）添加特效

特效指的是页面特效，它能使微课变得更加生动有趣。微学宝的特效组件主要包括涂抹、指纹、数钱、环境、飘雪和烟花等功能。

1. 选择特效

在微学宝微课制作首页，单击菜单栏中的"特效"按钮，进入特效设置页面（图9.35）。在弹出的菜单中选中一种特效方式，单击"确定"按钮。

图9.35　特效设置

2. 特效的更换和删除

在特效设置页面，重新选择合适的特效进行设置即可。如果想清除特效，在特效设置页面中选择"去除特效"即可。

此时，一个场景的制作就完成了，页面中添加的所有素材仅可在此场景中进行播放展示。如若需要转换多个场景，单击右下角的 ⊕ 按钮，添加新的场景页面（图9.36），依次添加所需内容和素材。添加完成后，可选择录屏软件和配音软件，即可将其录制成完整的微课教材。

（十二）设置、保存、发布和导出

1. 作品设置

作品完成时，单击右上角"设置"，在"常用设置"中可更改视频类型、添加视频标题、描述，可设置背景音乐、翻页方式、评论方式等。在"分享设置"中可设置微课的访问权限（图9.37）。

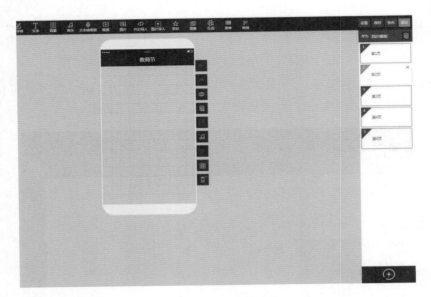

图9.36　添加新的场景

图9.37　作品设置

2．作品保存

设置好后单击右上角"保存"按钮，保存后的视频会在"我的微课"中找到，并可以对保存过的视频进行二次编辑等操作。

3．作品发布

单击右上角"发布"按钮，即可将所制作的微课视频发布在微学宝平台上。

4．作品导出

在"我的微课"中单击"微课详情"，可复制下方微课链接地址或下载微课二维码，并可以在不同渠道进行传播分享。在"效果统计"和"数据汇总"中可以查看微课的访问次数。单击右上角"导出微课"可将微课导出（图9.38）。导出的视频为压缩包，微课的文件名称和存储位置可自行更改。

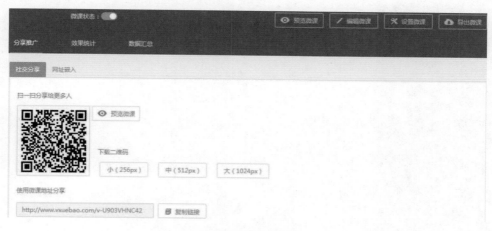

图9.38 作品导出

5．查看作品

下载的作品为压缩包，解压后得到两类文件内容，一类是微课中的素材文件夹，另一类是微课的HTML文件地址。选择合适的浏览器即可查看作品（图9.39）。

名称	修改日期	类型	大小
assets	2020/8/26 15:14	文件夹	
pic	2020/8/26 15:14	文件夹	
view	2020/8/26 15:14	文件夹	
default_thum	2020/8/26 15:14	JPG 文件	6 KB
favicon	2020/8/26 15:14	ICO 图片文件	19 KB
imsmanifest	2020/8/26 15:14	XML 文档	1 KB
index	2020/8/26 15:14	360 se HTML Do...	18 KB

图9.39 查看作品

五、常见问题

（1）注意动画出现的先后顺序。微学宝没有动画排序，用户首先要理清动画出现的逻辑顺序，再依次进行动画设置。

（2）不要插入太大的图片或视频。图片大小一般不能超过3MB；视频大小不超过4MB，格式为MP3，文件太大会影响打开速度，出现卡顿等。

（3）注意格式限制。微学宝软件目前支持的格式图片有JPG、PNG、GIF，其他格式可能无法正常显示。

（4）建议不要过多地添加多字体。多字体保存后将会自动生成为图片，添加过多会影响加载速度。

（5）建议用谷歌浏览器或360浏览器。

易 企 秀

一、易企秀简介

易企秀是一款颇受欢迎的H5场景应用制作工具。它将原来只能在电脑端制作和展示的各类复杂营销方案拓展到更为便携的手机上，用户可以随时随地根据自己的需要在电脑端、手机端进行制作和展示，随时随地营销产品。易企秀适用于企业宣传、产品介绍、活动促销、预约报名、会议组织、收集反馈、资料推送、网站导流、婚礼邀请、新年祝福等。

二、易企秀的基本功能和特点

易企秀操作简单，使用者可以借助鼠标，通过简单的操作来完成作品的制作。易企秀功能强大，为用户提供了大量的图片、音频等素材，还提供了多种类型的制作模板。

它的特点主要包括以下几个方面。

（1）功能丰富。易企秀具有图片、文字、音乐、视频、报名表单、直拨电话、链接等常用功能，此外还提供了涂抹、指纹、图集等特效功能。

（2）场景管理和编辑方便。易企秀手机客户端方便用户在手机上管理和编辑微场景，用户可随时随地监控场景传播效果，在移动中办公。

（3）支持平台多样。易企秀提供了安卓和iOS手机客户端，同时支持电脑在线编辑。

（4）资源丰富。为用户提供了大量的模板，用户只需在模板的基础上替换文字和图片就可以做出一个精美的微场景。

三、易企秀的注册与登录

易企秀是一款在线软件，无须下载。打开浏览器，在地址栏输入网址http://www.eqxiu.com/进入官网即可打开首页界面（图9.40）。

在首页中，单击右上角"注册"，会弹出对话框（图9.41）。易企秀为使用者提供了三种注册方式。用户可以根据需要选择合适的方式进行注册。注册完成后，即可使用账号进行登录。

图9.40　易企秀注册与登录界面

图9.41　微信扫码登录

四、操作指南

选择上述任一登录方式进行登录（图9.42）。易企秀为使用者提供了大量的模板，分为免费和收费两种类型，可满足不同使用者的不同需求。

（一）操作界面与主要工具

在"免费模板"模块下，单击左侧栏的"创建一个空白场景"，进入制作首页（图9.43）。

T 文本。文本下有"文本"和"新文本"两个标签，可以为作品添加文本，并可对文本的字体、字号进行设置。

图9.42　易企秀开始界面

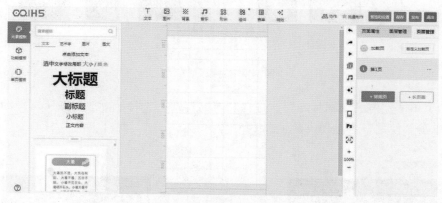

图9.43　易企秀操作界面

图片。为作品添加图片，可以在软件自带的图片库中进行选择，也可上传本地图片。

背景。为整个作品添加背景，可以使用图片库也可以选择上传本地图片。

音乐。为作品添加背景音乐，烘托气氛。

形状。提供大量的矢量图，包括图形、文字和图标。

组件。提供大量组件以期获得更多的交互，包括基础、高级和微信组件三种。

表单。提供基础表单、高级表单两个种类的各式表单。

特效。可以为页面添加各种特效，增强页面的观赏性。

下面以三八妇女节贺卡制作为例，讲解易企秀的操作过程。

（二）添加背景

易企秀为使用者提供了丰富的背景素材。根据需要，使用者可选择使用图片库中的背景图片或是上传本地图片。在本例中，选择使用图片库中的图片作为背景。具体步骤如下。

（1）单击页面上方的"背景"，会弹出对话框（图9.44）。

图9.44　背景素材库

（2）单击左侧的"图片库"，选择"炫酷背景"，将鼠标放置在所选择的背景图片上，单击"使用"会出现页面（图9.45）。

图9.45　选择背景图片

（3）在此对话框上拖动鼠标可对背景图片进行裁剪，调整大小。调整至合适大小后，单击右下角"确定"即可。

（三）添加文本

通过文本可以为作品添加注释以及文字的描述，使作品的表达更加完整。在页面上添加文本的步骤如下。

（1）单击编辑页面上方的"文本"，在下拉菜单里选择"文本"，页面上会出现一个待输入的文本框，双击进行文本的输入，并在上边的对话框中对文本的字体、字号进行设置（图9.46）。在本例中，双击进行文本编辑，输入文本为"三八女神节快乐"并设置字体为黑体，字号为32。

图9.46　文本输入框

（2）单击选择文本框，会弹出对话框（图9.47）。在此对话框中，可对文本框进行样式、动画和触发的编辑。

在"样式"对话框中，可对文本框中的文字进行颜色的选择和行高的设置，并可在外观标签下对文框的对齐方式、背景颜色、大小、位置等参数进行设置。

"动画"可以为文本框添加动画，并设置文本框的动画时间、延迟时间和播放次数。设置好以后可以进行动画的预览（图9.48）。

图9.47　文本编辑框

图9.48　为文本框添加动画

在"触发"对话框中，单击"添加触发"，有"单击"和"摇一摇"两种触发方式可供选择（图9.49）。

在本例中，按照上述步骤，将文本框中的文字设置为红色，行高值设置为3，对齐方式设置为"水平居中对齐"；将文本框的动画方式设为"弹入"，方向设为"从上到下"，其他为默认；将文本框的触发方式设为"单击"触发。

（四）添加页面

易企秀的第一张页面完成后，可以根据自己的需要，单击页面右侧的编辑框，添加新的页面（图9.50）。在本例中，在第一张页面完成后选择再添加2张页面。空白页面添加完成后可单击 🗑 按钮对无用或多余页面进行删除。

图9.49　选择触发条件

图9.50　添加新的页面

（五）添加图片

添加图片有两种方式：添加图片库中的图片、上传本地图片。单击编辑页面上方的 🖼 按钮，会弹出对话框。

在对话框的左侧选择所需图片，可以选择图片库中的图片，也可以选择上传使用本地图片。选择完毕后，单击右下角"确定"即可。图片添加完毕后，可对图片的样式、动画和触发进行设置。

在本例中，选择本地图片，具体步骤如下。

（1）单击左下角"上传"，将所需4张图片上传到易企秀中，上传完毕后在"我的上传"中可查看。

（2）图片素材准备好后，单击"图片"，在弹出的对话框中单击"我的上传"，单击"使用"即可。

（3）图片添加到页面中以后，依次选中图片，在弹出的对话框中对图片进行设置。将图片的动画方式设为"翻转进入"，触发方式设为"单击"触发。

（六）选择模板

易企秀为用户准备了丰富的模板以供选择，其中包括"单页模板"和"功能模板"，用户可根据需要选择合适的模板。添加模板后，可对页面模板中的文字或图片进行编辑或替换（图9.51）。

图9.51　选择模板

在本例中，我们添加一个新的页面并为其选择一个模板。具体步骤如下。

（1）单击右侧编辑区页面管理中的"添加"添加一个新的页面。

（2）选择"单页模板"，单击"图文"中的"奢华婚礼单页"确定即可。

（3）添加模板后，单击页面模板中的文字进行替换。

（七）添加音乐

易企秀为使用者提供了大量的背景音乐供其选择，添加音乐的具体操作如下。

单击编辑页面上方的"音乐"，会弹出一窗格。窗格为用户提供了3种音乐的添加方式：音乐库、上传和添加外链。用户可根据所需自行选择音乐，最后单击"确定"即可。

在本例中选择音乐库中的"春天的钥匙.mp3"作为背景音乐，单击"确定"添加完成。

（八）预览和设置文件

整个作品完成后，可单击"保存"对作品进行保存，也可对完成的作品进行"预览和设置"。单击"预览和设置"，会弹出对话框（图9.52），左边是对作品的预览，右边可以对作品的各项参数进行设置。

图9.52 预览和设置文件

设置共包括3类：常用设置、分享设置和高级设置。

1. 常用设置

常用设置包括设置作品标题并添加描述，设置作品封面，设置微信显示的标题以及描述设置作品的场景访问状态、翻页方式和场景类型等。设置完成后单击"确定"即可。

在本例中，将标题设为"女神节贺卡"，将翻页方式设为"上下惯性翻页"，其他设置为默认，单击"确定"。

2. 分享设置

分享设置可对作品分享时的各种参数进行设置。其中"申请为电脑端模板"和"申请加入秀场"需在发布后进行申请。另外两个选项分别为"分享流量"和"参加活动"，这两个选项是易企秀举办的活动，可根据自己的需要选择是否勾选。

3. 高级设置

在高级设置中，可以选择为作品添加Logo、添加尾页与底标，根据自己需要勾选即可，以上设置需要支付一定的费用。

将三项设置分别设置完成后，单击"确定"即可。

（九）发布文件

"预览和设置"选项设置完成后，就可以对作品进行发布，单击右上角"发布"，会弹出对话框（图9.53）。

图9.53　作品发布

　　易企秀提供多种分享作品的方式，可以扫描二维码，在手机上进行查看，将二维码下载到本地进行分享；可将作品分享至QQ或是微博；也可复制作品的链接进行分享。
　　以上为易企秀一些主要功能的操作过程，更多功能等待大家去进一步地探索与发现。

五、常见问题

　　（1）易企秀中背景音乐选择时最好选择长度不超过1分钟、500KB以内的MP3音乐，音乐开始与结尾有淡入淡出效果。
　　（2）易企秀中的互动组件是所有易企秀账号默认显示的功能，所有账号可使用基础功能制作场景，用户可根据实际制作场景需要，选择互动组件的功能。
　　（3）在预览与设置的"分享设置"中，所参加的活动是不可以撤回的，需谨慎地选择是否参加。
　　（4）如果要制作个性化的H5页面，去掉平台标识，则需要进行注册用户并付费使用。

MAKA

一、MAKA简介

MAKA是一款简单、强大的免费H5微场景制作平台，有手机端和电脑端两种形式。MAKA电脑端运用安卓模拟器技术将手机端H5创作工具搬到电脑端，扩大了适用范围。

MAKA的应用范围十分广泛，可运用到企业形象宣传、活动邀请、产品展示、数据可视化展示、活动报名等应用场景中。在教育教学中，可用于制作便于在手机端传播的微视频、微场景。

二、MAKA的基本功能和特点

MAKA的基本功能和特点可概括如下。

（1）界面友好，操作便捷。工作界面友好完善，布局合理；技术门槛低，即学即会。通过简单操作即可轻松创作自己的H5页面，快速制作出超酷的H5项目。

（2）海量模板和图片。提供适用于多个应用场景的模板以及近万张图片素材，方便用户快速进行制作。

（3）分享便捷。可以很方便地分享项目到微信、微博、QQ等，便于推广和营销。H5微场景一经发布，可利用云数据同步到云服务器，双端均可管理项目和数据，监控传播效果。

（4）提供图表、按钮、图文、背景音乐等多种交互设计，方便用户制作形式各样的H5页面，达到更好的宣传效果。

三、MAKA的注册与登录

本章主要介绍MAKA电脑端的操作使用。打开浏览器，在地址栏输入http://maka.im/可访问官网（图9.54）。页面包括H5模板、海报模板、视频模板等模块，为用户提供了大量可供选择的模板和素材。使用MAKA不仅可以制作H5微场景动态页面，还可以进行海报、视频以及长单页图片的制作。

图9.54　MAKA的注册与登录界面

单击 MAKA首页中的"注册"可进行注册。该软件也提供了第三方软件注册：在弹出的对话框中使用微信扫描二维码即可登录；也可在弹出的对话框中单击左下方的"使用其他方式登录"，然后选择QQ登录或微博登录；还可单击"设计师登录"进行登录。

四、操作指南

选择上述任意步骤便可，成功登录后（图9.55）。

图9.55　MAKA开始界面

MAKA提供了各种场景的制作模板，例如招聘、邀请函等，用户可以根据自己的需要选择模板进行制作。当然，用户也可以选择"新建空白"自己设计与制作模板。下面主要以"新建空白"为例，为大家介绍如何使用MAKA制作满意的作品。

（一）操作界面与主要工具

单击左侧"新建空白"，开始自己设计和制作（图9.56）。

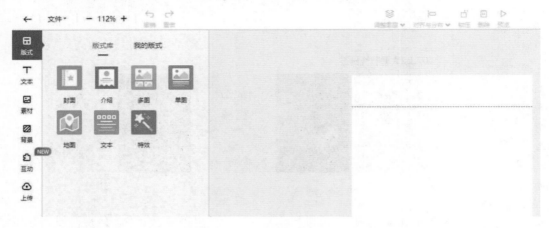

图9.56　MAKA操作界面

■ 版式。为所制作的场景选择背景版式（介绍、多图、单图等）。

■ 文本。对作品中的文本进行设置（大标题、副标题等）。

■ 素材。为作品的制作提供了大量可供选择的主题素材（节日、婚礼、餐饮等）。

■ 背景。提供了三种背景可供选择（我的、推荐、纹理）。

■ 互动。添加与用户互动的页面供用户进行选择。

■ 上传。可以将本地的图片上传，进行使用。

■ 快捷键。关于快捷键使用的说明。

■ 帮助。客户支持服务平台，提供实时的帮助。

下面以制作教师节贺卡为例，讲解MAKA的具体操作过程。

（二）添加页面

MAKA操作界面打开时，系统默认为一张空白页面。可以根据自己的需要，单击"新页面"添加合适的页面（图9.57）。在本例中选择添加3张页面。空白页面添加完成后可单击左侧 ⑪ 按钮对无用或多余页面进行删除。

（三）添加背景

单击编辑区的"背景"可为作品选择合适的背景。MAKA为使用者提供了大量的背景图片，可以选择推荐的图片、纹理，也可以单击下方"上传图片"上传本地图片，可将背景替换成所选择的图片。建议上传的图片尺寸为640像素×1008像素。

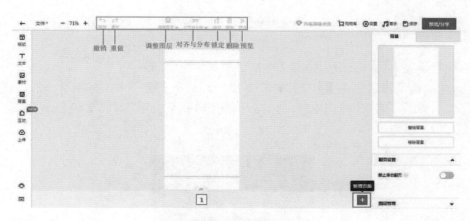

图9.57　添加空白页面

在本例中选择"我的">"上传图片",将准备好的图片上传,双击上传的图片进行选择即可。

选择背景图后,页面右侧会出现界面(图9.58)。在此界面中,可对图片进行裁剪、移除等编辑。在本例中,选择"将背景样式应用到所有页面",使用统一背景。

图9.58　选择背景图片

（四）添加文本

添加背景完毕后，为贺卡添加文本文字。具体步骤如下。

（1）单击编辑区中的 **T** 按钮，在弹出的对话框中选择"大标题"，然后在第一张页面"大标题"的文本框中输入文字，例如"教师节快乐"（图9.59）。

图9.59 在文本框中输入文字

（2）选中文本"教师节快乐"，可在右侧弹出的编辑框中对文本的位置和动作进行编辑修改。可以修改文本的内容、颜色和字体样式，也可修改文本框的背景色、透明度、旋转、位置、动作等属性（图9.60）。

本例中，将文本的字体设为微软雅黑，字号为100px，行距为1.5倍，其他为默认设置。在动作按钮下将进场动画设为"从左滚入"，其他为默认。根据上述步骤，在第二页添加诗歌文本"《赞美老师》"，将诗歌的字体设为楷体，字号为24px，行距为2.0倍，其他为默认。在动作按钮下将进场动画设置为"向上滑入"，速度设为3秒，其他为默认。

（五）添加素材

添加诗歌完毕后，可对页面进行美化，如选择添加"素材"进行修饰。步骤如下。

（1）选中第二张诗歌页面，单击左侧编辑区的"素材"。

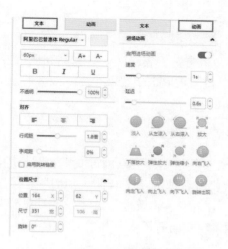

图9.60　编辑文本

（2）在"素材"中选择合适的素材进行页面的装饰。

（3）选择好素材后可在右侧的区域对图片的参数、动作进行设置。

在本例中，选择素材中的相册，选中"气球"和"花朵"进行页面的装饰。在右侧的编辑框中将"气球"和"花朵"的图层设置成"下一层"，使其置于文字下方（图9.61）。

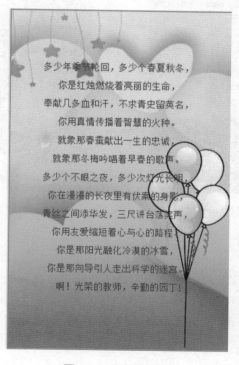

图9.61　作品效果图

（六）选择版式

选中第三张空白页面，单击左侧编辑区中的 ▤ 按钮，选择不同的版式，可对版式中的文字、图片进行更改，添加所需的文字及内容。在本例中，第三张页面要添加一些图片，步骤如下。

（1）单击"版式"，选择"多图"版式。在"多图"下，选择第二排第二个版式（图9.62）。

（2）在页面上单击文字或是图片可以进行文字和图片的添加和修改（图9.63）。本例中，单击图上方文字将其修改为"辛苦的老师们"，依次单击下方图片将其更换为所需的图片。将页面中的文字字体设置为黑体，字号设置为96px，动作设置成"向下飞入"；将图片分别设置成"向右滑入"和"向左滑入"。

图9.62　选择版式

图9.63　文本和图片的修改

（七）添加音乐

一段优美的音乐可以为作品增色不少，使作品更具有感染力。MAKA同样具有添加音乐的功能。

选择右侧编辑框中的"全局"，在下方选择"背景音乐"，弹出对话框（图9.64）。

在此对话框中，可以选择系统自带的音乐，也可以上传本地音乐。在本例中，选择系统中的"欢快">"叮咚清脆"作为背景音乐。

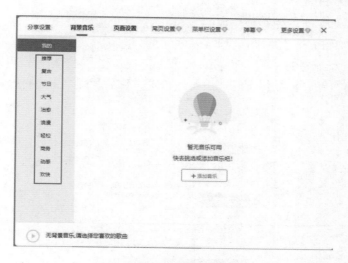

图9.64　背景音乐对话框

（八）其他设置

在内容添加完毕后，可对页面的切换进行设置：选择右侧编辑框中的"全局"，对翻页效果进行选择（图9.65）。在本例中，选择"层叠"的翻页效果。

（九）保存文件

整个作品完成后，单击右上角"保存"按钮即可对作品进行保存，并可对完成的作品进行预览（图9.66）。

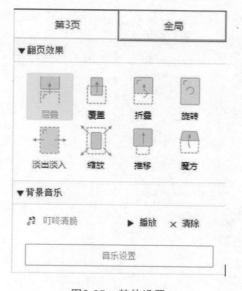

图9.65　其他设置

单击"预览作品"按钮会弹出如图9.66所示对话框，可对作品名称进行设置。在本例中，将作品名称改为"教师节贺卡"。页面下方会生成二维码和作品的链接，可用手机直接扫描二维码进行观看，也可直接单击链接对作品进行查看，或单击下方按钮对作品链接进行复制。作品保存完毕后可在首页"作品管理"中进行查看。

图9.66 预览作品

五、常见问题

（1）mak.im基于H5技术实现，谷歌浏览器与高速宽带能带来最佳体验，为了保证创作体验，建议使用最新版谷歌浏览器进行设计，以防部分编辑功能无法实现。

（2）H5的流畅度与设备型号和版本高度相关，建议使用系统版本较高的设备进行浏览。

（3）使用MAKA制作H5页面时，建议上传的音乐文件大小不大于1MB，每张图片不大于2MB。

第十章　Office小功能

　　Microsoft Office是微软公司开发的一套基于 Windows 操作系统的办公软件套装，常用组件有 Word、Excel、PowerPoint等。在办公领域，Office用途十分广泛，已成为人们最常用的办公软件。一般情况下，我们对Office软件的使用多限于常见工具的基础性操作。其实，Office软件中还有不少实用的小功能有待于去发现和挖掘。这些小功能可以使我们的工作更加高效。

　　本章主要为大家介绍Word制作电子报和PowerPoint模板的制作两个小功能。

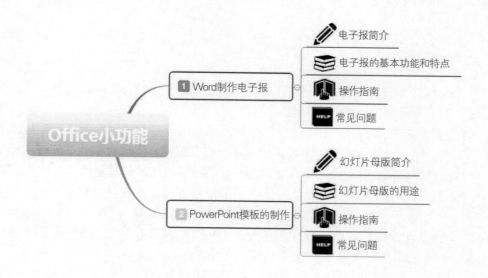

Word制作电子报

一、电子报简介

随着媒介技术的发展，人们的阅读方式逐渐从传统纸质阅读向数字化阅读发展。传统的报纸行业有了新的发展形态——电子报。电子报是指替代了纸张、以"电子纸"（电子阅览器）为载体的无纸化报纸。简单来说，电子报是传统报纸的电子版。制作电子报的专业软件很多，比如iebook、PocoMaker、Adobe InDesign等。但Word作为制作电子报的简易工具，已成为大多数非正式出版物制作者的首选，如学校教育教学活动中的校报、班报、学习报以及旨在形成企业文化和企业凝聚力的企业电子小报等。运用Word制作电子报之所以受到青睐，一是因为它门槛低，好掌握；二则是因为Word制作电子报所用到的工具是所有Office版本都具备的工具，不需要下载其他插件就可制作精美的电子报。

二、电子报的基本功能和特点

电子报作为一种新兴的媒体形态，具有传统纸质报纸无法比拟的优势。与传统报纸相比，电子报具有以下特点和优势。

（1）多媒体内容丰富。传统的报纸只能是图文内容的载体，而电子报在技术上已经可以实现音频、动画、视频等多媒体的传播。电子报能够实现更多的"原音（影）重现"，增强内容表现力和感染力，真正给用户提供纸质报纸不能提供的内容。

（2）版面设计符合读者的阅读习惯。电子报可以对字体颜色、字号大小、图文、视频、音频等灵活运用。

（3）互动功能增强。电子报除了在内容上比传统报纸有很大的扩展外，更重要的是互动性。除了能让用户自主点选阅读外，互动性还表现在用户对新闻内容的参与，如评论、跟踪、投票等。内容提供者还可以从互动中发现用户的兴趣、热点、舆情导向，形成连续的内容题材。

（4）内容的动态性与实时性。传统报纸的印刷是规模化、大众化、周期性的，而电子报本身可以做到动态、个性化、实时。

除了以上鲜明特征外，电子报还具有传播快捷、无纸化、成本低等优势。

三、操作指南

电子报主要包含报头、标题、文字、表格四部分。报头包括报刊名称、主办单位、期刊号、主编、发行日期、期刊数、邮发代号、版数等。报头的形式可以是只有文字；或是以文字为主，配图案或花纹；或是以图为主，配报头文字。一般的小报，如果没有特别的需要，也可以没有报头。下面，我们以制作的电子报（图10.1）为例，来介绍一般制作流程及各个工具的使用方法。

图10.1　电子报样例

（一）电子报页面大小设置

制作电子报之前，先要设置页面大小和页面分栏。具体操作如下。

1. 设置页面大小

启动Word 2013，单击"页面布局"菜单下的"纸张大小"，选择"其他页面大小"选项，将页面大小设置为宽21厘米、高19.2厘米。

2. 设置页面分栏

制作电子报时，需要首先根据内容进行整体布局。例如，为了使版面更精致，可利用"页面布局"中的"分栏"将版面分栏（两栏、三栏或自定义分栏）。这样，版面就被分割成若干模块。实例中，我们选择的是"两栏"。

（二）制作标题

标题即各篇文稿的题目。标题的作用是突出文章重点，吸引读者注意力。标题的文字要醒目，可通过设置文字属性、搭配图片等来突出效果。实例中的标题是由图片和文字组成的。

1. 插入图片

单击"插入"菜单下的"图片"选项，将准备好的图片插入页面中，再将图片调整至合适尺寸。

2. 更改图片的文字环绕类型

图片的布局有嵌入型、四周环绕型、紧密环绕型、穿越环绕型、衬于文字上方、衬于文字下方等七种文字环绕形式。插入图片后，图片的位置是不能更改的。要想让图片随意地移动位置，需要设置图片为"衬于文字上方"或"衬于文字下方"。实例中，选择"衬于文字下方"。这时，图片的位置就可以随意调整了。

3. 修改图片格式

双击图片，在"格式"菜单中设置图片属性，将图片宽度设为6.63厘米，高度设为3.79厘米。同时，也可以为图片添加边框、艺术效果，还可以在"图片效果"中设置图片的阴影、3D、柔化边缘等。这里，我们将图片的"柔化边缘"属性设为25磅（图10.2）。

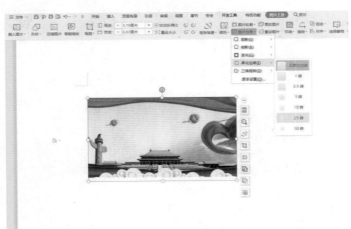

图10.2　设置图片属性

4. 添加标题文本

单击"插入"菜单下的"文本框""绘制文本框"选项，在图片上按住鼠标左键拖拽绘制文本框，然后在文本框中输入文本"廉政宣传报"。

5. 调整文本属性

先选中"廉政"文本，将字体调整为"微软雅黑"，再选中"宣传报"将字体调整为"华文隶书"，字号调至合适。最后，同时选中图片和文本，单击右键选择"组合"，将它们组合成一个整体（图10.3）。

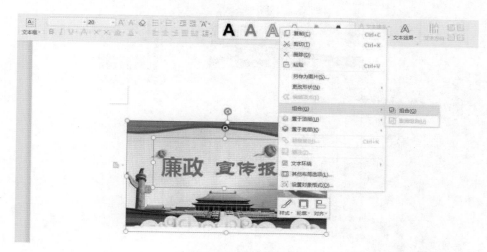

图10.3　标题样例

（三）主题内容的制作

电子报内容一般是以图文结合的方式来展现，但是要注意所搭配的图片要和内容主题相符合，不可随意添加。除了文本和图片外，"形状"也是制作电子报使用频率较高的元素。我们不仅可以通过添加不同风格的形状丰富电子报的表现形式，使电子报更生动，还可以将形状作为边框使用。

1. 插入形状

单击"插入"菜单下的"形状"，单击"圆角矩形"。然后按住鼠标左键拖拽，画出圆角矩形框。

2. 修改形状格式

双击圆角矩形框，在"格式"工具栏中将"形状填充"设置为无颜色，"形状轮廓"设置为虚线、1磅，轮廓颜色设置为橙色（图10.4）。

3. 添加文本

虽然在形状中可以直接添加文本，但是编辑文本时有一定局限。这时，我们可以在形状中插入文本框。文本框在Word文档中相当于占位符的作用。它的大小、位置都可以随意更改。这里，根据实例在形状中插入三个文本框后填充文本。

4. 修改文本框及文本属性

默认情况下，插入的文本框是白色填充黑色边框。这里，将其更改为无填充、无边框，并将三个文本框移动至合适位置。最后，对文本框中的文本进行格式修改，包括修改字号和字体（图10.5）。

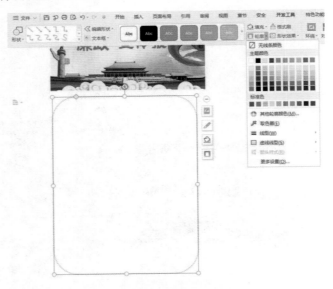

图10.4　修改形状格式

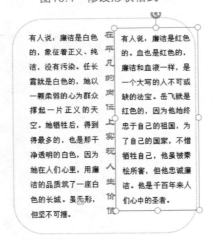

图10.5　修改文本框及文本属性

5. 设置页面边框

单击"设计"菜单下的"页面边框"，弹出"边框和底纹"对话框。选择合适的页面边框样式后，单击"选项"弹出"边框和底纹选项"对话框，设置边框的大小（图10.6）。

在之后的操作中，可以采用插入文本框的方式在各处插入图片、图形或文本，后续过程和上面步骤大同小异，这里不再赘述。需要注意的是，要对各个要素进行美化，增添页面的表现力，比如在彩色小报的色彩上，不同的色彩可以引起读者的不同心理反应和视觉感受。合理运用色彩可以有效提高小报的视觉冲击力。色彩分为冷暖两大类：红、黄、橙等色称为暖色，给人以温暖、热烈和活跃的感觉；蓝、绿等色称之为冷色，给人以清凉、寒冷和沉静的感觉。在使用文本时，可以选取一种颜色形成小报的总基调，但前提是色彩应该与小报的内容和对象相匹配。

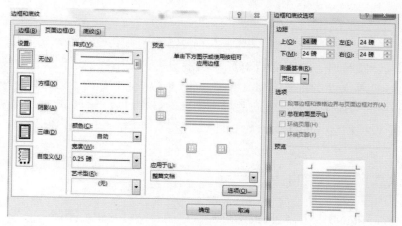

图10.6　设置页面边框

6. 保存电子报

单击"文件"菜单下的"另存为"选项。在保存类型下拉列表中，选择"PDF"即可。

以上就是制作电子报的主要过程。Word制作电子报操作简单，实质上就是实现图文的混排。如想制作更个性化、更专业的电子报，还是需要通过专业制作软件来做。

四、常见问题

（1）选中形状，按下【Enter】键可直接在形状中输入文本。

（2）文本框的绘制有横排文本框和竖排文本框两种形式，要合理选择。

（3）当文档含有多个文本框、图片、形状时，可通过双击任意一张图片，单击"格式"工具栏下的"选择窗格"来精准定位某个元素位置。

（4）若需要在形状中输入多行文本，最好与文本框组合使用。因为文本框对应的文本属性丰富，可以任意改变字体、行间距、对齐方式等。

（5）插入的图片在默认情况下文字环绕方式是嵌入型的，如果想随意移动图片的位置，可将文字环绕方式设置成为"浮于文字上方"。

PowerPoint模板的制作

一、幻灯片母版简介

在制作演示文稿时，为了保持幻灯片风格统一，常常需要对图文的排版或字体、字号、字体颜色等属性做重复的格式设置，在很大程度上影响了制作效率。其实，利用PowerPoint中的母版工具就可将问题解决了。幻灯片母版是幻灯片层次结构中的顶层幻灯片，用于设置幻灯片的样式。每个演示文稿至少包含一个幻灯片母版。

二、幻灯片母版的用途

母版是PowerPoint中一类特殊的幻灯片，控制着幻灯片中的字体、字号和颜色等文本特征，也控制着背景色，以及阴影和项目符号样式等的特殊效果。如果要修改多张幻灯片的外观，不必一张张幻灯片进行修改，只需在幻灯片母版上做一次修改即可。PowerPoint将自动更新已有的幻灯片，并对以后新添加的幻灯片进行更改。

打开PowerPoint 2013，在新建文档界面，单击"视图"菜单下的"幻灯片母版"，进入母版编辑界面，在母版编辑界面的左侧缩略图中出现幻灯片的各种母版版式（图10.7）。这些母版就像幻灯片的后台，控制着所有幻灯片。第一张母版是幻灯片母版，它控制着所有幻灯片，如果在第一张母版中插入艺术字、图片，那么在所有的幻灯片上也会显示这些艺术字和图片。第二张是标题母版，控制演示文稿的第一页，也就是首页。第三张母版控制除了演示文稿首页以外的所有页面，即内容页面。第四张及之后的母版是备用版式，不对任何页面进行控制。当不想拘泥于前三种版式时，剩下的母版也可选择。

此外，利用幻灯片母版可以制作个性化的幻灯片模板。尽管PowerPoint软件自带了几十种幻灯片模板，微软网站也提供了幻灯片模板在线下载功能，但是要寻找完全符合自己需要的模板也并非那么容易。如果能够自己动手制作一个漂亮的模板，不但能达到"与众不同"的效果，还可以免去每次制作幻灯片前对模板精挑细选的麻烦。

下面以PowerPoint 2013为制作工具，介绍幻灯片模板制作的一般过程。

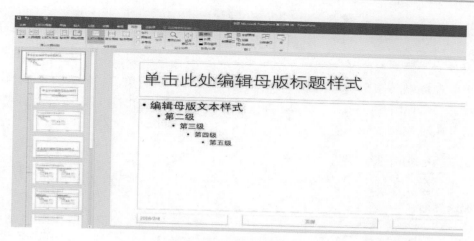

图10.7　幻灯片母版版式

三、操作指南

（一）首页模板的制作

首页的构成要素通常有标题、副标题、作者信息、单位标志等内容。设计时应突出主标题，弱化副标题、作者信息等。这里，我们采用首页最常见的设计版式——文本和图片结合，制作首页模板（图10.8）。具体操作步骤如下。

图10.8　PowerPoint模板样例

1. 新建幻灯片

双击打开 PowerPoint 2013程序，新建空白幻灯片，然后单击"视图"工具栏中的

"幻灯片母版",出现母版编辑界面。

2. 插入图片

选中左侧缩略图中的第二张母版(标题母版),然后单击"插入"工具栏中的"图片",选择图片后单击"插入"即可插入图片。插入的图片可以适当调整大小以适应幻灯片的大小。

3. 关闭幻灯片母版视图

单击"幻灯片母版"工具栏中的"关闭母版视图",切换到"普通视图",退出母版编辑界面。

之后,根据具体内容添加幻灯片的标题、副标题、作者信息等。如添加标题《春》,添加作者和单位信息"学校:××小学""教师:张××"。这是比较简单的首页设计,制作者完全可以发挥自己的创意,设计并制作出一个更加精美的首页。

(二)结束页模板的制作

演示文稿的结束页和首页的布局大致相同,结束页的制作实际上是对首页的回应,起到前呼后应的效果。结束页模板的制作可分为两步:①复制首页;②在首页基础上作相应修改,如修改文本框中的文字,改成"谢谢观赏"等(图10.9)。

图10.9 结束页模板样例

(三)内容页模板的制作

演示文稿中的内容页通常有很多页,而且这些内容页之间是相互关联的。所有内容页的风格、格式应尽量保持一致。当我们需要创建多张幻灯片内容时,如果手动调节每一张幻灯片的风格、字体样式等将会花费大量的时间在重复性的动作上。而内容页模板恰能解决这一问题,一张内容页模板可被无限次套用,高效制作大量风格一致

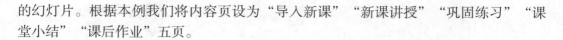

的幻灯片。根据本例我们将内容页设为"导入新课""新课讲授""巩固练习""课堂小结""课后作业"五页。

1. 添加背景

统一样式的背景给人整齐划一的视觉感受，也是保证整个演示文稿风格一致的重要因素。一般内容页的背景色调应与首页相称，不能突兀。所以在选择图片作为背景时，应该以首页为参照，保证内容页和首页的协调。将幻灯片切换到母版视图后，选中第三张母版，单击"幻灯片母版"工具栏中的"背景样式"，选择"设置背景格式"，弹出"设置背景格式"对话框。将背景设为"图片或纹理填充"，上传图片，单击"确定"。具体设置如图10.10所示。

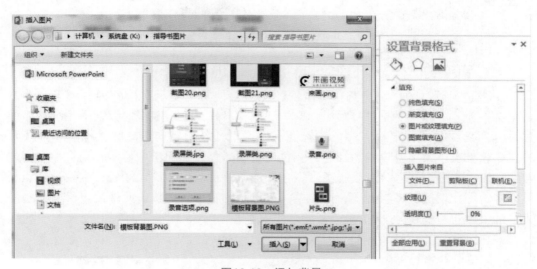

图10.10　添加背景

2. 插入Logo标签

Logo是指一些具有象征性意义的标识或者小图标。一般制作演示文稿时，企业可以将公司徽标作为Logo，教师可将学校校徽作为Logo。另外Logo虽然是幻灯片画面的元素之一，但并不是重要内容。为了避免观看者注意力分散，在对Logo进行处理时应保证其与背景的融合，最好选取背景色透明的Logo。这里以河南大学校徽为例，制作内容页的Logo。幻灯片母版视图下单击"插入"工具栏中的"图片"，上传河南大学校徽图片，调整其大小并移至适当的位置。

3. 美化Logo图片

为了使得Logo与幻灯片更好地融合，可以对Logo图片作进一步美化。单击Logo图片，选择"格式"工具栏中的"图片效果选项"，将图片效果设为"柔化边缘"，值为5磅。"普通视图"下效果如下（图10.11）。

图10.11 图片效果设置

4. 设置标题样式

标题起到导航的作用。醒目有层次的标题会使整个演示文稿的内容逻辑结构清晰、有条理。所以，对于具有多级标题的课件，最好是让同一级的标题采用统一的样式，特别是在字体、字号、颜色等属性上。这里，我们将幻灯片的大标题字体设置为"微软雅黑"，字号设置为28号，颜色设置为黑色，加粗居中显示。幻灯片内容区域的一级文本设为22号、微软雅黑、黑色、加粗；二级文本设为20号、微软雅黑、黑色。将幻灯片切换到母版视图，选中第三张母版，在带有"单击此处编辑母版标题样式"的文本框中选中文本，在"开始"工具栏的"字体"属性面板中设置相应的样式。一级文本、二级文本的样式设置方法同上（图10.12）。

图10.12 设置标题样式

5. 输入内容页标题

内容页的幻灯片母版标题样式设置完成后，单击"关闭母版视图"按钮，切换到普通视图。选中第一张幻灯片，按下【Enter】键，可以看到第二张幻灯片沿用了第三张母版的排版及格式，将其标题改为"导入新课"（图10.13）。接下来，按照本例的要求，采用同样的方法，再插入4张幻灯片，并将标题分别更改为"新课讲授""巩固练习""课堂小结""课后作业"。

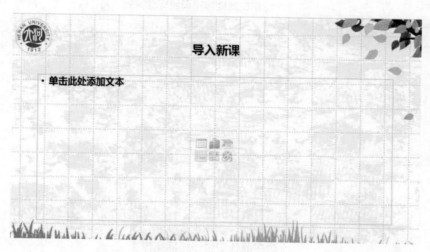

图10.13　生成内容页

6. 插入按钮

为了提高演示文稿的交互性，添加跳转链接实现页面之间的交互必不可少，所以添加跳转链接按钮也就成了重要步骤。根据本例，我们需要在每一页添加六个按钮。如果对每一页都进行按钮和超链接的设置，既费时又费力，还容易弄混淆。比较便捷的方法是利用幻灯片母版做出一个模板页面，其余页面只需照模板复制即可。单击"视图"工具栏的"幻灯片母版"，进入母版编辑界面。选中第三张母版，单击"插入"工具栏的形状命令，选取"圆角矩形"在第三张母版内画出一个圆角矩形，用作模板的矩形按钮。

7. 美化按钮

双击圆角矩形，在"格式"工具栏的"形状样式"中套用"强烈效果–强调颜色3"。将其高度和宽度分别设为1.42厘米、2.36厘米，并调整至适当位置，效果如图10.14所示。

8. 编辑按钮文本

右键单击矩形按钮，选择"编辑文字"，输入文字"导入新课"。文本格式设置为微软雅黑、14号、黑色、加粗。最后将此按钮复制粘贴六份，调整每个按钮之间的距离，将按钮中的文字依次修改为"导入新课""新课讲授""巩固练习""课堂小结""课后作业""退出"（图10.15）。

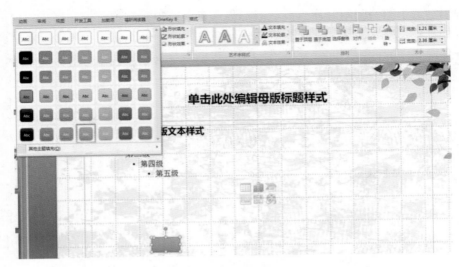

图10.14　美化按钮

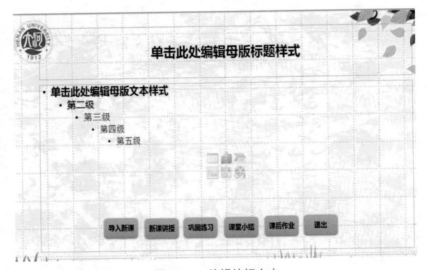

图10.15　编辑按钮文本

9. 制作按钮链接

右键单击幻灯片中的"导入新课"按钮，选择 "超链接"命令，在弹出的对话框中选择 "本文档中的位置"，在 "请选择文档中的位置"中选择 "导入新课"对应的幻灯片（图10.16），单击"确定"。其他按钮的链接与"导入新课"按钮同理， "退出"按钮的超链接页面是尾页。

10. 预览内容页幻灯片

当制作好内容页母版后，在 "视图"工具栏选择"幻灯片浏览"进入幻灯片缩略图视图（图10.17）。

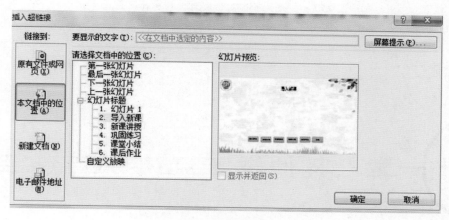

图10.16 制作按钮链接

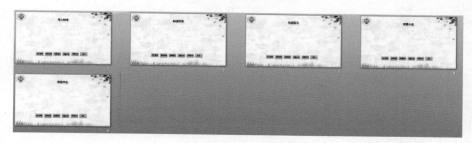

图10.17 幻灯片预览

（四）课件模板的保存

单击"文件"菜单下的"另存为"，在"文件名"中输入文件保存的名称，选择保存类型为"PowerPoint 97–2003 模板"，将其保存在你熟悉的位置。当想使用这个模板时，只需启动PowerPoint 2013，接着单击"文件"菜单下的"打开"命令，找到模板保存的位置，打开即可使用。打开后，根据设计的需要，更改文字。若想更改某张幻灯片的版式，可以在普通视图下的幻灯片缩略图中，右击该幻灯片，单击"版式"，从设置好的母版中选择所需要的版式。

以上制作过程主要阐述了利用幻灯片母版创建模板的基本步骤。

四、常见问题

（1）一般幻灯片Logo的设置在第一张母版中插入。

（2）内容页模板的制作，可以在第一张母版中制作，但由于第一张母版对所有幻灯片有控制作用，在第一张母版中插入图片时，首页也会显示，影响美观，故在第二张母版中单独制作内容页模板。

（3）如果第一张母版中的图片在第二张母版中也会显示，影响第二张母版的编辑，只需要在第二张母版中将图片删除即可。

第十一章　其他类

本章将介绍小巧便捷的ZoomIt、多媒体格式转换利器格式工厂、亦梦亦幻的艾奇电子相册以及近几年非常流行的二维码制作工具草料二维码。这几款各具特色的实用小软件，将会使我们的工作和学习更加轻松、高效。

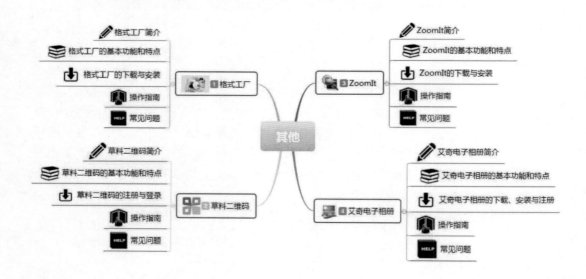

格式工厂

一、格式工厂简介

在如今这个信息大爆炸的时代，各类便携移动设备已经成为人们生活中不可或缺的一部分。有些时候，许多从网上下载来的音频、视频、文件等由于格式问题无法在某些设备上播放，需要转换成合适的格式。运用格式工厂就可以轻松解决问题。格式工厂是一款免费的格式转换软件，由上海格式工厂网络有限公司研发，可以完成各类音视频、图片的格式转换，功能强大且全面。

二、格式工厂的基本功能和特点

格式工厂实用、方便、安全、快速，适用于Windows系统，可以实现大多数视频、音频、图像以及文档不同格式之间的相互转换，并具有设置文件输出配置、增添数字水印等功能。格式工厂的基本功能和特点如下。

（1）支持几乎所有类型多媒体格式。支持视频、音频、图片、文档等多种文件在不同格式之间轻松转换。

（2）多媒体文件瘦身。可以帮助文件瘦身，使它们变得更加小巧，既节省硬盘空间，也方便保存和备份。

（3）支持图片常用功能。支持图片缩放、旋转、水印等常用功能。

（4）支持多种语言。支持62种语言，使用无障碍，可满足多种需要。

（5）修复损坏视频文件。转换过程中，可以修复损坏的文件，让转换质量无破损。

（6）备份简单。具有DVD视频抓取功能，轻松备份DVD到本地硬盘。

三、格式工厂的下载与安装

该软件可在脱机环境下运行。打开浏览器，在地址栏输入网址http://www.pcgeshi.com/进入官网，单击 立即下载 按钮进行下载（图11.1）。

在下载过程中，可根据需要设置下载文件名称、更改文件下载和安装位置。下载完成后按照提示进行安装即可。

图11.1　格式工厂下载界面

四、操作指南

格式工厂下载安装好后，无须注册登录，双击打开格式工厂程序即可使用（图11.2）。

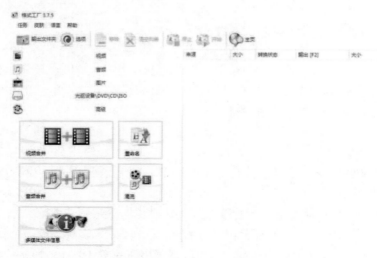

图11.2　格式工厂开始界面

（一）视频格式转换

格式工厂支持十多种视频格式的转换，用户可以根据不同使用场合、设备，选择所需格式进行转换。此处以MP4格式的视频转换为FLV格式为例，介绍视频格式转换的过程。

1.选择格式

双击打开格式工厂，单击左侧"视频"选项，在下拉框中单击选择想要转换的目标格式（图11.3）。

图11.3　选择目标格式FLV

2. 添加视频

单击目标格式，跳至文件添加窗口。然后单击"添加文件"按钮，添加需要转换格式的视频。在"输出配置"中可以更改输出视频画面质量、视频大小等输出配置，并且可以为视频添加字幕。选中添加的视频，在"剪辑"中可剪辑视频开始、结束时间及画面大小，并可显示视频添加的字幕。添加完成，单击主界面上方的"确定"返回主窗口界面即格式工厂首页（图11.4）。

3. 转换格式

单击转换任务上方的"开始"，出现转换进度条，即可开始该视频的转换。

4. 查看、复制、分享视频

转换结束的视频可进行查看、复制、分享等操作。右键单击转换后的视频，在下拉选项中选择"打开输出文件夹"，即可打开转换格式后的视频所在文件夹。此时，本例中的视频便完成了格式转换。

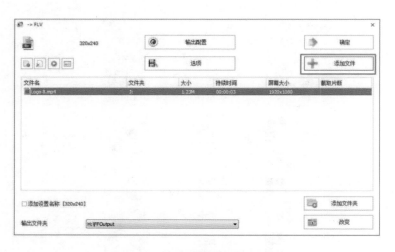

图11.4　添加需要转换格式的文件

（二）音频格式转换

格式工厂支持十多种音频格式的转换，转换过程与视频格式转换过程相似，可以根据不同使用场合、设备，选择所需格式进行转换。此处，将WMA格式音频转换为MP3格式。

1. 选择格式

打开格式工厂软件，在左侧"音频"一栏中，单击选择想要转换的目标音频格式MP3（图11.5）。

图11.5　选择目标音频格式MP3

2. 添加音频

选择"MP3"格式，跳至文件添加窗口，选择想要转换格式的音频进行添加（图11.6）。在"输出配置"中可以设置音频大小、质量。选中添加的音频，在"剪辑"中可剪辑音频开始、结束时间。添加完毕，单击主界面上方的"确定"，则会返回主窗口界面。

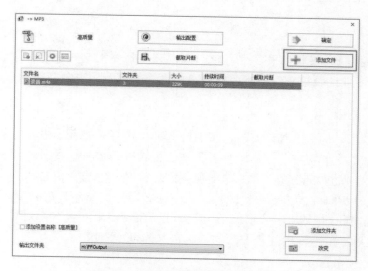

图11.6　添加需要转换格式的文件

3. 转换格式

在主窗口界面单击主界面上方的"开始"，出现转换进度条，开始进行格式转换（图11.7）。

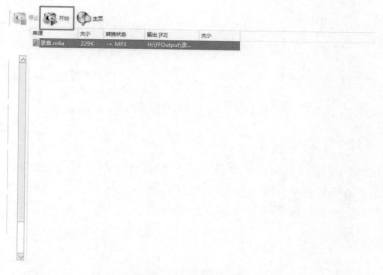

图11.7　转换进度条

4. 查看、复制、分享视频

转换结束后可查看输出音频。选中音频，选择"打开输出文件夹"，即可打开音频所在文件夹查看音频，此时WMA格式的音频即转换成了MP3格式。

此外，格式工厂现支持八种图片格式的转换、四种文档格式的转换。其转换操作流程与视频、音频操作流程相似。格式工厂还支持视频合并、音频合并、视频音频混流。

（三）视频合并

有时候，我们会获取到很多小视频、短视频。想要把这些视频快速合并成一个视频，但却缺少专业的技能和知识，此时就可以使用格式工厂来合并视频。

1. 添加、配置视频

打开格式工厂，找到"高级"，在下拉选项中选择"视频合并"。在弹出文件添加窗口，单击"添加文件"，选择所要合并的视频进行添加。此外，可以对输出视频的格式、画面质量进行设置，可为输出视频添加标题。在合并之前，选中原视频，可对视频开始、结束时间进行剪辑。此外，单击视频添加页面左下角的 ⬆ ⬇ 排序，可改变合并视频的前后顺序，确认无误后，可以在"输出配置"中对导出的视频进行参数设置。之后，单击输出配置右侧的"确定"即可（图11.8）。

图11.8　视频添加及配置选择

2. 合并视频

确定后返回到主窗口界面，选择需要开始的任务，然后单击上方的"开始"，视频就开始合并了。等任务完成后，视频即合并成功。

音频合并与视频合并操作流程相似，此处不再赘述。

（四）混流

混流就是将视频与音频合并，原视频文件的声音被音频文件的声音取代。

1. 添加、配置音频

单击"高级"，在下拉选项中选择"混流"，弹出文件添加窗口，在"视频流"处添加需要混流的视频文件。在"音频流"处添加需要混流的音频文件，可以添加多个需要合并的音频文件，添加的音频文件在任务过程中会被混流合并为一个文件。在合并之前，选中原视频、音频，可对其开始、结束时间进行剪辑，并可以对导出的文件格式进行修改（图11.9）。

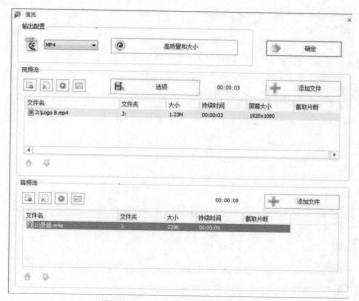

图11.9 添加视频流和音频流

2. 合并音频

视频与音频文件添加好后，单击"确定"，窗口返回到主窗口界面，然后单击上方的"开始"，混流任务就开始进行了。等任务完成后，混流成功，音频与视频便合并成功。

此外，格式工厂支持将不同光驱设备中的信息内容转换成所需格式，操作简单直观，此处不再介绍，有需要的用户可自行探索。

五、常见问题

（1）如若想要更改转换之后的保存位置，需在文件添加窗口下方"输出文件夹"中选择存储位置。

（2）目前混流输出格式暂时只支持MP4和MKV两种，若需要其他格式视频，可在混流后再转换视频格式。

草料二维码

一、草料二维码简介

二维码又称二维条码，是利用某种特定的几何图形按一定规律在平面（二维方向上）分布的黑白相间的图形记录数据符号信息，可以应用于商业、餐饮、会展、家装、教育、培训、娱乐、家庭服务、汽车销售、地产销售、广告销售等领域，帮助企业或用户提高推广、营销效率。草料二维码是一个二维码制作平台，能实现电话、文本短信、邮件、名片等信息的二维码制作，还可以通过云技术，实现网址、图片、视频、音频等的二维码生成。

二、草料二维码的基本功能和特点

草料二维码平台可以将各种形式的信息内容制作成二维码。利用手机或者其他终端的"扫一扫"功能即可获取二维码中的内容，操作简单，方便快捷。

草料二维码的基本功能和特点如下。

（1）制作静态码。静态码为最普通也最常见的二维码，可以存储少量的文字（建议不超过150字），一旦生成即无法更改内容。适用于简单的文字、网址的传播。

（2）草料活码。活码二维码的图像不变、内容可以随时更新，存放的文本不再有字数限制，更可生成文件、图片、专业名片等更具实用性的二维码。适用于文件、单一图文信息、名片的传播。

（3）二维码美化。草料二维码平台为用户提供免费的二维码美化自助服务，如加Logo、加背景、加前景、换样式、调码眼等。

（4）二维码管理系统。注册用户可获得强大的二维码管理系统，扫描统计使商机不再流失。

（5）网页在线扫码。网页版本的二维码扫描读取系统利用电脑的摄像头扫描读取二维码，也可只上传二维码图片扫描获得二维码的内容。

三、草料二维码的注册与登录

打开浏览器，在地址栏输入https://cli.im/访问草料二维码官网（图11.10）。

图11.10 草料二维码开始界面

草料二维码平台无须注册也可使用。如需用到扩展功能，可单击"免费注册"，使用手机号码或邮箱注册个人账号。注册完成后即可登录，也可利用手机微信扫码快速登录（图11.11）。

图11.11 草料二维码的登录界面

四、操作指南

草料二维码能实现文本、网址、图片、名片、多媒体文件等二维码制作。以下介绍几种常用二维码的制作流程。

（一）文本二维码

文本二维码可以用在试卷讲解、课后辅导、疑问解答、客服服务等场合，用户只需用手机、平板等相关设备扫一下二维码即可获取其中的信息内容。

1. 生成二维码

单击页面上方的"文本"按钮，在文本框中输入文本信息，例如某英语试卷单项选择题的答案解析，完成之后单击下方的"生成二维码"即可（图11.12）。

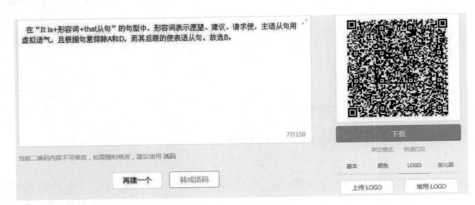

图11.12　文本二维码

小提示

　　生成的二维码为静态码，如若后期需要更新二维码里面的内容，可根据需要转成活码。

2. 二维码美化

生成的二维码一般都是简单的黑白色。单击二维码下方的美化器，可进入二维码美化页面对黑白二维码进行美化。预设中有三种美化样式可供选择：黑白样式、简约样式、经典样式（图11.13）。按照需要选择喜欢的样式单击即可。

图11.13　二维码的美化

3. 添加图标与文字

生成的二维码可以添加图标与文字，以增加二维码的识别效果和美观性（图11.14），为二维码选择图标并添加文字"英语微课堂"。如果有需要也可本地上传自己的Logo。

图11.14 添加图标与文字二维码

4. 局部微调

局部微调中可以改变二维码的颜色、背景色、码眼样式以及内框、外框颜色。局部调整后的二维码更加美观、个性，给予用户更多视觉上的美感。调整好以后，单击"完成"，即可完成二维码的美化（图11.15）。

图11.15 二维码的个性化

5. 二维码的下载、保存

生成的二维码可以下载并保存。下载二维码时可根据需要选择合适的格式，比较常用的是图片格式。另外下载时可以选择保存位置。通过智能手机或其他设备"扫一扫"下载好的二维码即可。查看其中的内容信息（图11.16）。

图11.16　二维码的下载与保存

（二）网址二维码

利用草料二维码可以将网址制作成二维码，用于网站推送、视频推送、网址收藏等。用户用相关设备扫一下二维码即可获取其中的网址信息，既方便又快捷。

打开二维码制作页面，单击页面上方的"网址"按钮，在弹出的文本框中输入网址及其信息内容，例如输入"草料二维码平台网站–https://cli.im/url"，单击下方的"生成二维码"，即可生成相应的二维码（图11.17）。

图11.17　网址二维码

美化、下载及保存步骤与文本二维码的步骤相同，此处不再赘述。

（三）文件二维码

有时候在某种场合需要将整个文件推送出去，利用邮箱发送或者通信设备发送等方式程序麻烦，此时就可以利用草料二维码，将文件上传生成二维码存储，方便携带查阅。

单击页面中的"文件"按钮，在弹出的文本框中单击"上传文件"，选择所要生成的文件进行添加（图11.18）。

图11.18 上传需生成二维码的文件

文件生成二维码不支持静态码，文件上传后单击"生成活码"即可。如果此前未注册用户，则此时会弹出对话框，要求注册。利用手机或者其他设备扫描生成的文件二维码即可查看此文件的内容（图11.19）。

图11.19 文件二维码（活码）

美化、下载及保存步骤与文本二维码的步骤相同，此处不再赘述。

（四）多媒体二维码

多媒体二维码可以将文本、图片、文件、音频、视频、表格整合到一起生成二维码，也就是生成长图文的格式。

1. 新建空白

单击页面上方的"多媒体"按钮，页面出现四个模块：教学资料管理、展览展品介绍、活动回顾、从空白新建（图11.20）。

其中教学资料管理、展览展品介绍和活动回顾为用户提供相应的模板。此处以新建空白为例，单击"从空白新建"，进入多媒体二维码制作页面（图11.21）。

图11.20　多媒体二维码生成的开始界面

图11.21　多媒体二维码生成的制作界面

2. 添加素材

（1）添加文本。选择左侧选项栏中的"文本"，右侧会出现文本编辑框，可添加准备好的文本素材，页面中间为预览框（图11.22）。

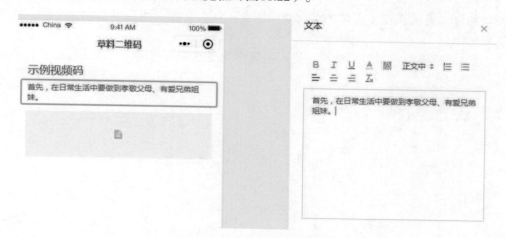

图11.22　添加文本素材

（2）添加图片。文本编辑完成后，单击左侧栏中的"图片"，则出现图片上传页面，单击"图片上传"，选择所需图片上传即可（图11.23）。

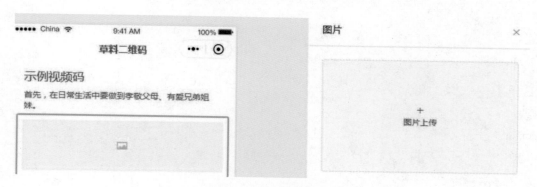

图11.23　添加图片素材

（3）添加其他素材。文件、音频、视频、表格的添加方式与文本、图片添加方式相似。将各个元素添加完成后，单击页面右上角"生成二维码"，即可生成相应二维码。

五、常见问题

（1）在制作前要区别二维码、静态码、活码的不同。

（2）静态二维码如果包含的信息过长，则会使二维码识别度降低导致无法扫描，建议文本二维码的文字数量不超过150字。

（3）美化后的二维码如果前景色和背景色过于相近，也会导致二维码无法扫描，二维码的前景色必须比背景色更深。

（4）在草料二维码平台生成的二维码，无论是免费版本，还是收费版本，都是长期有效的，二者区别在于上传的素材规格限制不同，容量、流量和扫码量不同，需根据需要选择。

（5）二维码内容要遵循草料二维码内容管理规范相关规定（官网可查看），否则二维码会被封锁。

ZoomIt

一、ZoomIt简介

PowerPoint 作为演讲、展示的基本工具已经融入我们工作和生活中。虽然PowerPoint 经过多次版本更新，功能已经相当完善，但还无法实现屏幕的局部放大或缩小。而ZoomIt作为一款非常实用的投影演示辅助软件，简单便捷的屏幕放大缩小功能恰能弥补这一不足。

二、ZoomIt的基本功能和特点

ZoomIt支持Windows操作系统，其基本功能和特点可概括如下。

（1）屏幕放大。在运用课件进行讲解时，适时地将屏幕放大能够达到突出重点、引起观众注意的效果。虽然Windows系统自带有放大镜功能（［Win+U］键启动），但只能在屏幕上方狭窄的区域内放大显示内容，很容易破坏画面效果。而ZoomIt能够实现让屏幕自由缩放的功能，可以快速突出重点。

（2）体积小巧，使用方便。ZoomIt体积小巧、完全免费、易于使用。

（3）全快捷键操作。ZoomIt采取全快捷键操作，不会在屏幕上出现多余的按钮或控件，不影响画面。

（4）屏幕标注或屏幕涂鸦。屏幕标注可以在非PowerPoint 演示时使用，就如同屏幕笔,可以圈注关键内容。结合相应的快捷键，可在屏幕上标注直线、矩形、椭圆、箭头形状，还可以输入英文文本（暂不支持中文输入）。

（5）定时提醒。使用此功能时会暂时将桌面利用白色屏蔽覆盖，并在白色屏蔽上出现倒数计时的时间。教师可以在课间休息时提醒学生离上课还有多长时间，或者在课堂测验中当作计时器来用。

总而言之，如果需要用电脑给别人做演示，无论是投影还是直接用电脑屏幕，ZoomIt都是一款很好的工具，不仅提高了演示效果，还可以令观众有眼前一亮的感觉。在所有功能中，放大和标注功能最为常用。而全快捷键设计，则可以减少对演示本身的干扰。

三、ZoomIt的下载与安装

ZoomIt可在脱机环境下运行。打开浏览器，在地址栏中输入https://docs.microsoft. com/zh-cn/sysinternals/downloads/zoomit 访问官网，单击下载即可（图11.24）。

图11.24　ZoomIt 下载界面

下载完成后，将 ▤ZoomIt 解压，双击 ▤ZoomIt 应用程序，免安装即可进入软件操作界面（图11.25）。

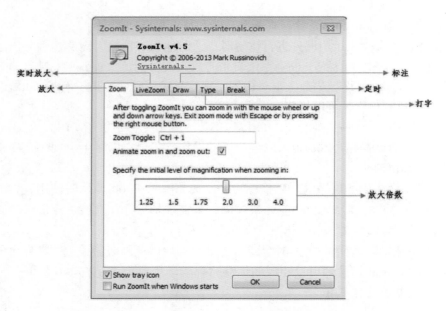

图11.25　ZoomIt 操作界面

小提示

　　第一次运行软件时，会弹出如图11.25所示的窗口，用来提示用户本软件的功能以及允许用户设置功能快捷键。

四、操作指南

（一）设置快捷键及相关属性

默认情况下，ZoomIt的放大、标注、定时、实时放大的快捷键是【Ctrl+数字键（1，2，3，4）】。为了迎合用户的使用习惯，ZoomIt支持快捷键的修改，会在第一次运行时弹出设置窗口（图11.26）。可以看到，放大的快捷键是【Ctrl+1】，如若想更改快捷键，只需将光标定位在"Zoom Toggle"（放大触发器）后的文本框中，在电脑键盘上按下相应的键即可。比如要将"放大"的快捷键改为【Shift+1】，在键盘上同时按下【Shift】键和数字键【1】就可设置成功。采用同样的方法，根据自己的使用习惯也可为实时放大、标注和定时设置快捷键（不要与其他软件热键冲突）。这里我们选择默认设置。

ZoomIt除了能对快捷键进行设置外，还可以进行放大比例、屏幕打字字体格式以及定时器透明度、倒数计时结束后是否要播放警告音效和白色屏蔽透明度等相关设置，具体设置见以下内容。将所有属性设置完毕后，单击"OK"即可使用。

（二）屏幕放大

屏幕放大功能主要用来按一定比例放大屏幕上呈现的内容，解决因字体小而看不清的困扰。其优势在计算机操作教学上表现尤为明显，操作课上教师经常要口述某些工具或某些菜单命令的位置，学生也只有紧盯着教师演示界面上光标的动作来一步步学习操作。显然对于复杂的计算机操作，这种学习方法是低效的。复杂操作中，利用ZoomIt的屏幕放大功能可以将重要步骤的操作指令更加直观清晰地展现给学习者。

按下【Ctrl+1】组合键，即可进入ZoomIt的放大模式。这时屏幕内容将放大（默认2倍）显示（前后对比如图11.26所示）。移动光标，放大区域将随之改变。用鼠标滚轮或者键盘中的上下方向键，将改变放大比例。按下【Esc】键或鼠标右键，会退出放大模式。

在放大模式下，按下鼠标左键，标注功能将被启用。当然，也可以退出放大模式，只进行标注。

图11.26 屏幕放大功能

小提示

　　如要更改放大倍数，只需将设置窗口重新打开，用鼠标拖动放大倍数滑块进行更改。

（三）屏幕标注

　　标注功能主要用来突出显示屏幕的某一部分内容，比如图片的某一细节、文章的关键段落等。

　　（1）按下【Ctrl+2】组合键，或在放大模式下按下鼠标左键，可进入标注模式。这时，鼠标光标变成红色十字形。

　　（2）按住【Ctrl】键，使用鼠标滚轮或者上下箭头键可调整画笔的宽度。

　　（3）字母按键可调整画笔颜色，分别是：r 红色，g 绿色，b 蓝色，o 橙色，y 黄色，p 粉色。

　　（4）轻松画出不同的形状（图11.27），按住【Shift】键可以画出直线；按住【Ctrl】键可以画出长方形；按住【Tab】键可以画出椭圆形；按住【shift+ctrl】组合键可以画出箭头。

图11.27　屏幕标注功能

　　（5）其他操作如下：【Ctrl+Z】组合键，撤销最后的标注；【E】字母键，擦除所有标注；【W】/【K】键，将屏幕变成白板 / 黑板；【Ctrl+S】组合键，保存标注或者放大后的画面；【T】键，进入打字模式，但暂不支持中文输入；鼠标滚轮或上下箭头，改变字体大小；【Esc】键或单击鼠标左键，退出打字模式；单击鼠标右键，退出标注模式。

（四）定时

定时器功能主要起到时间提醒的作用。单击设置面板中的"Break"定时列表，定时2分钟，显示超时时间，并在"Advanced"高级设置对话框中，选择"时间截止警报"音效，设置"屏蔽背景透明度"为50%、倒数计时时间显示在屏幕的左上方，并选取一张图片作为背景图。具体设置参数如下（图11.28）。

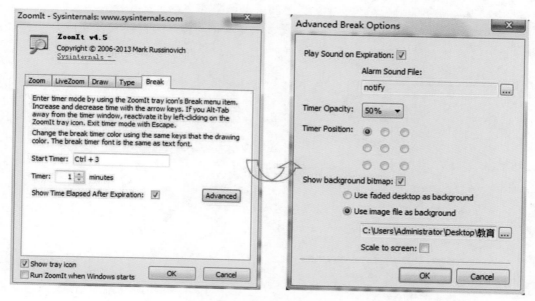

图11.28　定时功能

通过快捷键（默认【Ctrl+3】）进入定时器模式。用上下方向键或上下滑动鼠标滚轮可以增加或减少时间。按下【Esc】键退出定时器模式。

（五）屏幕实时放大

LiveZoom（实时放大）模式是在该软件V3.03版本中新增加的功能，它能在放大屏幕后仍可以保持正常工作。此模式很适合在放大局部的同时又需要操作的大屏幕演示。进入LiveZoom模式后可以继续做任何事情，包括滚轮、各种快捷键、中/英文输入等，甚至可以通过快捷键启动其他截屏软件。

进入/退出LiveZoom模式的默认快捷键都是【Ctrl+4】。进入LiveZoom模式后，普通缩放/绘制模式下的画线、添加文字和滚轮缩放等功能就不再支持了，取而代之的是可以通过【Ctrl+↑】和【Ctrl+↓】控制缩放级别，它支持5级缩放，最小一级相当于把1/4屏幕放大到满屏，或者说分辨率增加一倍。

LiveZoom模式下除了放大的光标外还有个原始大小的光标，通过它可以了解光标在屏幕上的真实位置。LiveZoom 模式下所有操作以大光标所在位置为准，也就是说大光标在这个模式下控制所有内容。

这个功能目前只支持 Windows Vista、Windows 7 和 Windows Server 2008 等较高版本的操作系统，不支持XP系统。

五、常见问题

（1）在设置快捷键时，注意不要与其他热键冲突。

（2）ZoomIt不能输入黑色文字，以便与屏幕原来的文本对象区分。

（3）在标注模式下，按下【T】键会进入文本书写模式，此模式仅支持英文，暂不支持中文文本的输入。

艾奇电子相册

一、艾奇电子相册简介

艾奇电子相册是一款功能强大的电子相册制作软件。此款软件为脱机软件，适合电脑端使用。在电脑端下载安装好以后可以随时随地制作电子相册。

它可以为照片配上音乐和歌词字幕，添加各种特效，将其制作成各种格式的视频电子相册，能输出DVD、VCD、MP4、AVI、FLV等十余种高清画质的视频格式，并且操作简单，使用者可以快速高效地完成作品。

二、艾奇电子相册的基本功能和特点

艾奇电子相册是一款非常实用且操作简单的软件，支持导入多种图片格式，包括JPG、JPEG、PNG、BMP、GIF等常见静态图片和数码照片；支持导入各种分辨率的图片，并且可以用静态图片制作出动态的效果。它的输出视频可以支持DVD、VCD光盘制作，支持在手机MP4播放器等设备上观看，并且支持上传到各视频网站进行分享。

艾奇电子相册主要有以下特点：

（1）工作界面简洁完善，操作简单。

（2）提供多种过渡效果。提供两百多种过渡效果，可满足不同的制作需求。手动控制展示时间，使用者具有更高的自主性。

（3）具有相册装饰功能。可以对选中的相片直接进行美化和设置，并且可以为电子相册视频添加图文片头、图文片尾、视频边框和背景图。

（4）兼容性高。支持导入各种形式的图片以及导出各种形式的视频。

（5）图像引擎。具有性能强大的图像引擎，保证输出高画质、色彩丰富的图像，让视频相册具有原始照片品质。

三、艾奇电子相册的下载、安装与注册

艾奇电子相册的下载地址：http://www.aiqisoft.com/download.html。在浏览器的地址栏中输入下载地址进入下载页面（图11.29）。

图11.29 艾奇电子相册下载页面

在下载页面单击"立即下载"，弹出对话框（图11.30）。在对话框中，对文件进行命名，并选择存储位置进行，最后单击"下载"或"下载并运行"进行下载即可。

图11.30 艾奇电子相册下载对话框

下载好软件后，双击安装包，按照系统提示进行安装即可。

四、操作指南

按照上述步骤下载安装之后，双击桌面程序 ，即可进入制作页面首页（图11.31）。

图11.31 艾奇电子相册制作界面

下面将介绍艾奇电子相册制作软件的主要操作过程。

（一）基础操作

1. 导入图片

运行软件后，单击左上角"添加图片"按钮选择制作电子相册所需要的图片文件导入到软件列表中。图片文件导入后以缩略图形式在列表中显示。鼠标左键单击并拖拽列表内的缩略图可以对图片进行排序（图11.32）。

2. 导入音频

单击软件顶部工具栏中的"添加音乐"按钮，可导入一个或多个MP3等常见格式的音乐歌曲文件到软件中，用于制作电子相册的背景音乐（图11.33）。

3. 开始制作

单击右下角"开始制作"按钮，开始制作电子相册。这时，软件会弹出一个"输出设置"的对话框，进一步要求设置输出视频的相关参数，包括视频输出的方式、格式、输出名称以及输出目录等。可根据自己的需要，进行相关的设置（图11.34）。

设置完毕后，单击右下角的"开始制作"按钮即可。这样，一个简单的电子相册就制作完毕了。

图11.32 添加图片界面

图11.33 导入音频界面

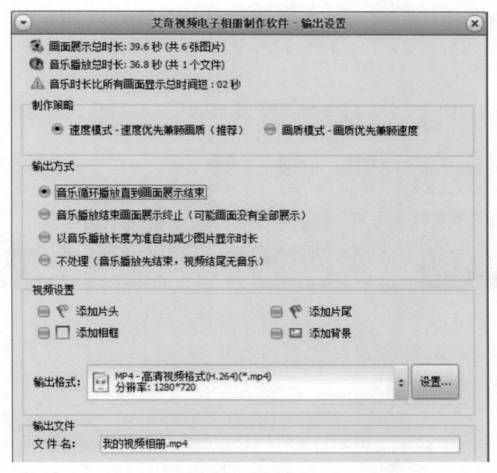

图11.34　输出设置界面

（二）更多设置

1. 图片编辑设置

在导入图片之后，可以通过单击图片左侧的"铅笔"按钮，或者双击添加到列表中的图片缩略图对图片进行编辑，可以通过单击图片右侧的"删除"按钮对图片进行删除（图11.35）。

单击"铅笔"按钮，会弹出一个"图片编辑"窗口，在此窗口中可对图片进行详细编辑。

（1）效果设置。在"效果"标签内可以根据用户自己的需求对每个图片的过渡效果、显示方式、展示时长、过渡效果时长等参数进行调整，图片的过渡效果还可以进行预览（图11.36）。

（2）滤镜设置。在"滤镜"标签内可以通过"勾选"操作，对图片进行旋转、翻转，还可以设置图片黑白、反色等滤镜效果。

（3）添加文字。在"文本输入框"输入文字，单击"添加文本"按钮，文字就会出现在画面中，可以多次操作添加多行文字，可以通过鼠标的拖拽对文字进行位置的移动。

图11.35　图片编辑

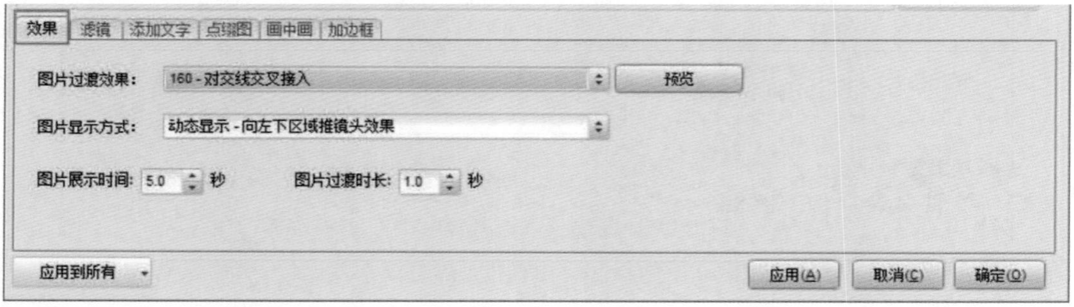

图11.36　图片效果设置

在文本列表中选中某行文字后，可以在右侧的各种选项中给文字设置字体、字号、字形、颜色、描边等参数（图11.37）。

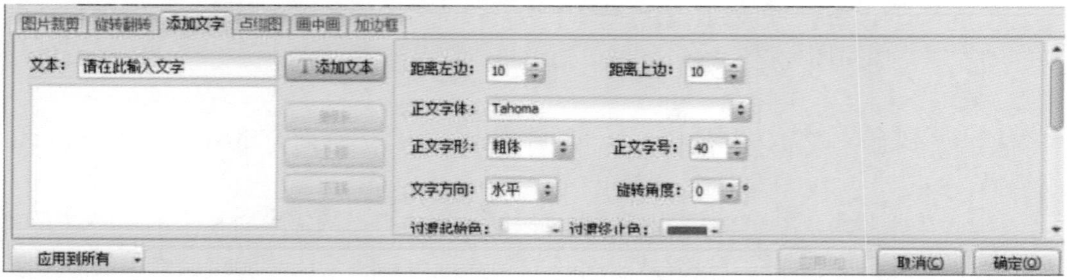

图11.37　添加文字并进行文字设置

（4）点缀图。在点缀图标签下，分别有"图片"和"设置"两个功能标签。在"图片"视窗的图片列表中，单击图案可以给当前的图片添加装饰图，通过鼠标拖拽图案外的框体可以对其进行移动和缩放的操作；在"设置"视窗中可以设置当前选定的点缀图的旋转、反转和透明度等参数。

（5）画中画。在"画中画"标签下可以为当前的图片嵌入其他图片，实现"画中画"的效果。单击右侧的"导入图片"按钮，选中要嵌入的图片进行导入。导入完成后图片会与当前的图片叠加显示，通过鼠标拖拽添加图片外的框体可以进行移动和缩放操作。在其中的"设置"视窗中可调整图片的轮廓、边框、透明度等参数设置，调整完成后单击右侧"应用"按钮即为添加完成。

（6）加边框。在"加边框"标签下的"装饰美化"视窗中，单击选择边框图可以装饰当前图片。本软件自带一些边框图，如果需要更多边框可以通过单击右侧的"导入边框"按钮，上传本地边框进行使用。

小提示

通过图片编辑界面底部的"应用到所有"，可以把以上所有针对某个图片的编辑操作应用到列表内的所有图片上。例如：用户添加导入了100张图片，需要给所有图片添加上同样的文字，那么用户只需对某一张图片进行"添加文字"设置，通过"应用到所有"按钮，即可把当前的设置自动复制到其他99张图片上，无须逐一操作。

---

2. 模板设置

单击"模板"按钮，进入"模板设置"界面。在右侧菜单中可以为当前导入的图片配置一种展示效果，左侧可以预览展示效果的动态示意动画，选择好合适的相册模板后，单击右下角"确定"按钮即可（图11.38）。

3. 相册装饰

单击页面右下角的"相册装饰"按钮，进入相册装饰设置界面，可以对整个相册视频进行一系列的美化和完善操作，包括添加图形片头、片尾、背景图、相册视频边框等。

（1）相册片头/片尾设置。在相册装饰界面中，勾选"添加片头/片尾"选项启动该功能，单击"浏览"按钮选择合适图片作为片头/片尾背景，图片选择完成后可对其相关参数进行设置，包括片头/片尾时长、是否从片头/片尾开始播放歌曲，还可以单击"编辑图片"按钮对图片进行编辑，编辑完成后单击"确定"按钮即可，如图11.39所示（图片以片头设置为例，片尾与其一致）。

图11.38　模板设置

图11.39　片头设置

（2）相册相框设置。在此设置的相框是针对整个相册视频加的外框装饰，贯穿除片头、片尾之外的所有电子相册展示内容。在相册装饰界面中，单击"设置相册相框"按钮会弹出一个"设置相册相框"对话框，可进行相册相框的添加（具体操作与上述步骤相同，在此不作赘述，参见图片编辑设置中的"加边框"）。

（3）背景图设置。在相册装饰界面中，勾选"启用背景图"按钮启动该功能，单击"浏览"按钮添加背景图片文件。可单击"设置背景色"的倒三角图标，选择合适的颜色作为背景色。

4. 输出格式和输出目录的设置

在前边一系列操作设置完毕后，接下来需要对电子相册输出的相关参数进行设置，前边讲解已经有所涉及，此处再一次对其进行详细的讲解。

单击"开始制作"按钮，在弹出的"输出设置"对话框中，可以对输出文件的文件名以及输出目录进行设置（图11.40）。

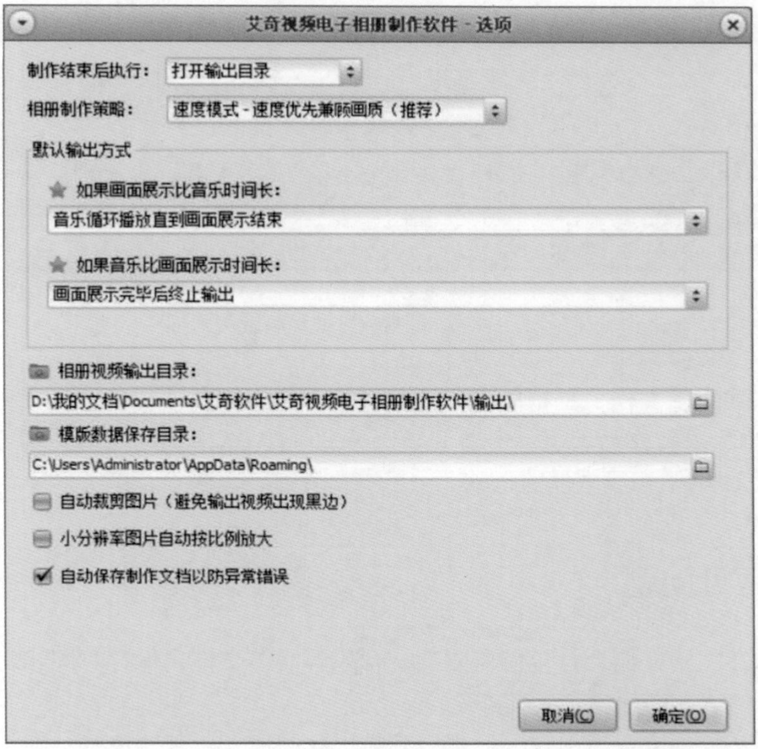

图11.40　输出设置界面

　　同样地，单击"开始制作"按钮，在"输出设置"的对话框中单击"输出格式"标签后的"设置"按钮，会弹出名为"视频格式设置"的对话框，在此对话框中可对电子相册的输出格式、分辨率等参数进行设置，设置完成后，单击"确定"按钮即可。

　　5. 软件选项

　　单击"选项"按钮，进入选项界面后可以对软件的一系列默认功能进行自由设置。"制作结束后执行"下拉菜单中，默认选项为打开输出电子相册的目录，使用者可以选择制作结束后关机、电脑休眠、关闭软件等操作。"默认输出方式"中使用者可以根据需要自己选择。"输出目录"默认为软件安装目录下自带的文件保存路径，使用者可以更改为符合自己习惯的目录来存放制作的文件。

　　（三）保存和打开文档

　　1. 保存设置文档

　　在"文件"菜单中，选择保存设置文档。可以把使用者当前导入列表的图片、音乐文件信息，以及图片编辑设置、输出格式设置、相册装饰设置等一系列设置保存成PAD格式的设置文档文件，方便使用者下次制作类似相册时直接打开，无须重新制作，但只限于本机使用。

> **小提示**
>
> 　　保存的PAD设置文档中不包含实体文件，如果使用者本机的图片、音乐等文件删除或移动，再次导入pad文件时会出现文件丢失。

2. 保存完整文档

PADX格式完整文档，是把所有当前制作相册的实体文件和各种设置完整保存，使原始文件被删除或者移动后也不会造成导入丢失。PADX格式的完整文档可以用于其他安装过艾奇KTV电子相册软件的电脑。

五、常见问题

（1）保存完整文档会打包所有图片、音乐等实体文件，保存时间相对较长，文件较大。

（2）若文件太大，导出视频过程中容易出现问题，可关闭电脑其他运行程序，多次进行尝试。

（3）在上传本地边框进行使用时，需把自选的边框图片文件复制到软件安装目录下的"pictures" > "rim"文件夹内，重新运行软件。

（4）本款软件更新较快，有很多版本。版本不同，制作过程及功能会有一些变化，大家稍加尝试即可领会。

后　记

　　本书的最初构想源于我在美国的访学。2015年，我先后在美国南密西西比大学和博伊西州立大学做访问学者。访学期间，我考察了美国包括大学、中小学、幼儿园在内的大大小小近40所学校，并深入课堂教学一线，听教师讲课，参与教师技术培训。也许是专业使然，让我印象最为深刻的便是教师在课堂教学中对小软件的熟练使用和教师培训中教学技术师对教师使用小软件的手把手培训。我惊讶于他们有那么多可用于教学的、非常神奇的小软件。而且，这些小软件大多都是免费使用的。一些新研发的小软件，也可免费试用一段时间。当然，这应归功于他们的教学技术师。是他们在让人眼花缭乱的技术工具中像淘宝一样，不断地寻找、筛选，之后再将这些小软件与教师们分享。我佩服教学技术师们的工作。有了他们，教师才得以在课堂教学中将小软件用得这样得心应手。

　　回国后，我常常想，如果能像美国的教学技术师一样，帮大家挑选出一些实用的小软件，使大家免受寻觅之苦，用起来又得心应手，那该是多么有意义的一件事情。在我带领我的学生团队（包括研究生和部分本科生）研究、制作微课的这几年中，我们有意识地收集整理了不少非常实用的小软件。这些小软件使我们的微课制作增光添色，也使微课作品亮丽不少。加之，偶尔为大中小学教师进行信息技术培训时，我发现教师对小软件的使用非常渴望，每每给介绍一款小软件他们都如获至宝。教师们普遍反映，由于时间原因以及在搜索小软件时缺乏经验，很难找到适合自己使用的小软件。这些经历，使我想编写一本介绍实用小软件的书的想法愈发强烈！

　　2017年，我们团队申报并完成了河南省社会科学普及规划项目"金钥匙：实用小软件学习指导"，经过筛选、试用，最后精选出32款小软件，成果形式是图文并茂的电子书。之后，在我所主持的国家社会科学基金"十三五"规划教育学课题"基于'证据'的混合学习课程学业评价研究"、河南省2019年教师教育课程改革重点项目"网络环境支持下教师教学支架的设计与应用研究"、河南省2019年高等教育教学改革研究与实践项目"'双一流'背景下地方高校线上线下混合课程学业评价改革的研究与实践"以及河南大学教育科学学院教育学特色学科推进项目"大数据视域下网络学习行为数据分析模型研究"等课题的研究过程中，接触到越来越多的实用小软件。

鉴于篇幅限制，本书优中选优，共精选出27款实用小软件。

本书的完成得益于一群朝气蓬勃的学生。他们精力充沛，锐意进取，"地毯式"搜寻，几乎不放过任何一个小软件。四年来，每周四的下午，我们都会聚集在一起围绕这些小软件进行讨论。正是他们的不懈努力，才得以将这些实用的小软件收入书中。他们是河南大学教育科学院教育技术系研究生孙锦、张念、孟莉华、栗惠苗、张粉粉、郭楠、贺楚杰、高雅，教育技术系本科生马岩岩、张闻闻、杨开心、王冉冉等。他们不仅制作了本书所有的微视频教程，而且参与或部分参与了本书的撰写。感谢他们辛勤的付出，也感谢他们对我的激励！从他们身上，我被年轻人的青春活力所感染，也同时被他们作为数字原住民的技术悟性所折服。从他们身上，我学到了很多。相信他们每一个人也都获得了成长，从这个融洽的合作团队中收获了自己想要的东西。这也许就是所谓的教学相长吧！

感谢那些研发神奇软件的软件公司和技术大咖们，正是他们的辛勤劳动和无私奉献，才使我们得以将这些小软件集锦成册，与读者分享！向这些软件公司和技术大咖们致敬！当然，如果要做更精细的工作或者想使用软件的更多功能，我们就要购买该软件或者为软件付费，以便支持他们研发新产品！

感谢中国科学技术出版社王晓义主任、徐君慧编辑为本书的出版所给予的支持和帮助！感谢河南大学教育科学学院的特色学科建设经费资助！

本书由王慧君构思和设计，编辑和统稿由王慧君和张念共同完成。书中难免存在错误和不当之处，敬请读者和专业技术人士批评指正。

王慧君

2020年5月